Überfallstrom.

Zur Arbeit Dillmann: Strömung über das Wehr mit der Kennhöhe 20 bei überkritischer Überfallhöhe.
Der Totraum ist durch Luftblasen sichtbar gemacht.

Mitteilungen des Hydraulischen Instituts der Technischen Hochschule München

Herausgegeben vom Institutsvorstand

D. Thoma

Dr.-Ing., o. Professor

Heft 7

mit 115 Abbildungen

München und Berlin 1933

Verlag von R. Oldenbourg

Inhaltsverzeichnis.

Seite

Dipl.-Ing. Walter Bürner, Untersuchungen über die Schmierfähigkeit von Ölen und Starrfetten . . 3

Dipl.-Ing. Ottmar Dillmann, Untersuchungen an Überfällen 26

Clifford Proctor Kittredge, B. Sc., Vorgänge bei Zentrifugalpumpenanlagen nach plötzlichem Ausfallen des Antriebes 53

Triguna Charan Sen, M. E., Versuche mit einem Hitzdraht-Instrument zur Bestimmung der Wassergeschwindigkeit nach Richtung und Größe 74

Die Notgemeinschaft der Deutschen Wissenschaft hat alle obigen Untersuchungen wirksam unterstützt; der Herausgeber und seine Mitarbeiter bleiben ihr dafür in Dankbarkeit verbunden.

Untersuchungen über die Schmierfähigkeit von Ölen und Starrfetten.

Von Dipl.-Ing. **Walter Bürner**.

Einleitung.

Schmieröle pflegt man durch Angabe ihrer Zähigkeit zu kennzeichnen. Daneben haben sie aber noch eine besondere, schwerer erfaßbare Eigenschaft, die mit ihrer Haftfähigkeit an Metalloberflächen zusammenhängt und als Schmierfähigkeit bezeichnet wird. An einem nach Angabe von D. Thoma gebauten Ölprüfapparat hat bereits R. Voitländer Untersuchungen angestellt, bei denen unter Gleichhaltung der Zähigkeit verschiedene Öle auf ihre Schmierfähigkeit geprüft wurden[1]. Dabei war festgestellt worden, daß sich die Unterschiede der Reibungswerte der untersuchten Schmiermittel bei kleinen Anpreßdrücken prozentual größer erwiesen als bei höheren Drücken, sodaß eine Verminderung der Anpreßdrücke wünschenswert erschien. Um auch im Bereiche kleinerer Anpreßdrücke eine genügende Meßgenauigkeit zu erreichen, war eine Änderung der Apparatur erforderlich. Von R. Voitländer wurde ein Apparat[2] entworfen und ausgeführt, der unter Berücksichtigung obiger Forderung außerdem verschiedene Verbesserungen rein mechanischer Natur gegenüber dem früheren Apparat aufweist, dessen Anordnung zur Messung der halbflüssigen Reibung jedoch derselbe Gedanke zugrunde liegt wie beim alten Apparat.

Die vorliegende Arbeit soll die Voitländerschen Untersuchungen über das Verhalten der Schmiermittel im Bereiche der für die Praxis außerordentlich wichtigen, bisher noch wenig erforschten, halbflüssigen Reibung ergänzen. Erfahrungen aus der Praxis zeigen, daß im Gebiete der halbflüssigen Reibung neben der Art des Schmiermittels auch die Beschaffenheit des Werkstoffes der reibenden Flächen maßgebend für die Größe der auftretenden Reibungskräfte ist. Demzufolge erschien es als eine dankenswerte Aufgabe, neben der eigentlichen Schmiermittelforschung den Einfluß verschiedener Metalle auf das Verhalten der Schmiermittel im Bereiche der halbflüssigen Reibung einer eingehenden Prüfung zu unterziehen. Daneben führten die bisher gewonnenen Ergebnisse und Erfahrungen auf dem Gebiete der Schmiermittelprüfung zu Untersuchungen über das Verhalten von Schmierölen bei kleinen Zusätzen von fetten Ölen und Fettsäuren, und auch auf das bisher neue Gebiet der Fettuntersuchung. Demgemäß wurden die Untersuchungen nach folgenden Gesichtspunkten ausgeführt:

     I. Schmierfähigkeit beim Gleiten von Stahl auf verschiedenen Metallen,

    II. Schmierfähigkeit von Mineralölen, denen fette Öle und Fettsäuren zugesetzt waren,

   III. Schmierfähigkeit von Starrfetten.

Die Untersuchungen wurden durch die Notgemeinschaft der Deutschen Wissenschaft unterstützt, der auch an dieser Stelle der wärmste Dank zum Ausdruck gebracht werden soll.

---

[1] R. Voitländer: „Untersuchungen an einem neuen Apparat zur Beurteilung der Schmierfähigkeit von Ölen". Mitteilungen des Hydr. Instituts der T. H. München, Heft 3.

[2] R. Voitländer: „Der verbesserte Apparat zur Beurteilung der Schmierfähigkeit von Ölen", Heft 4 und „Untersuchungen über die Schmierfähigkeit von Ölen", Heft 5 der Mitteilungen des Hydr. Instituts der T. H. München.

Durchführung der Versuche.

Hinsichtlich der Bauart des Prüfapparates darf auf die bereits erwähnten Abhandlungen von Voitländer verwiesen werden; das Grundsätzliche geht aus der Abb. 1 von Voitländer (Heft 3) hervor, die hier nochmals gebracht wird (Abb. 1): gemessen wird die Reibung an der Berührungsstelle zweier gekreuzter Zylinder, die ganz in das zu untersuchende Öl eingetaucht sind und mit bestimmter Kraft aufeinander gepreßt werden. Um verschiedene Öle mit etwas abweichenden Zähigkeitseigenschaften unter Ausschaltung des Einflusses der Zähigkeitsabweichungen vergleichen zu können, werden die Versuchstemperaturen so gewählt, daß bei ihnen die Öle alle dieselbe Zähigkeit haben.

Bei der vorliegenden Arbeit wurde bei allen Versuchen mit dem Öl in dieser Weise verfahren, und zwar wurde im Anschluß an die früheren Versuche $\eta = 0,00857$ kg s/m² gewählt. Dazu wurden zuerst die Zähigkeiten der Öle mit Hilfe des Vogel-Ossag-Viskosimeters ermittelt und in Abhängigkeit von der Temperatur graphisch aufgetragen. Die Bestimmung des spezifischen Gewichtes erfolgte mittels Aräometer. In Zahlentafel VIII sind spez. Gewicht bei 15⁰ C, Zähigkeit bei 50⁰ C

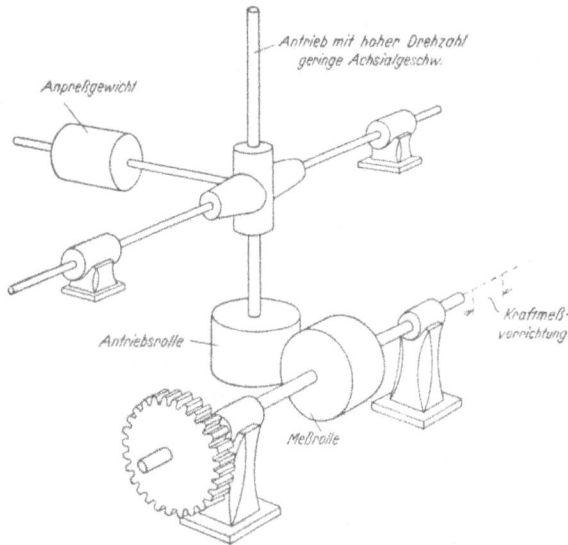

Abb. 1.
Antrieb durch Stirnzahnrad (langsame Längsverschiebungen zulassend), geringe Drehzahl, geringe Achsengeschwindigkeit.

und die der Zähigkeit $\eta = 0,00857$ kg s/m² entsprechenden Temperaturen aufgeführt. Abb. 2 zeigt die Zähigkeitskurven. Es sind hierin sämtliche im Rahmen dieser Arbeit untersuchten Öle aufgeführt. Bei den Zähigkeitsuntersuchungen der durch Zusatz von Fettsäuren erhaltenen Compoundöle konnte keine Abweichung der Zähigkeitskurven von der des Mineralöles festgestellt werden, sodaß für sie die Daten des Mineralöles gelten. Die Versuche wurden bei den Untersuchungen mit Öl im Bereiche von 200 bis 3500 g Anpreßdruck, bei den Fettuntersuchungen im Bereiche von 50 bis 2000 g durchgeführt, die Reibungskurven wurden mit je 13 bzw. mit je 11 Punkten belegt. Da bei den Öluntersuchungen größtmögliche Genauigkeit gefordert werden mußte, wurde jeder Punkt der Kurve als Mittelwert von 6 Ablesungen gebildet. Zahlentafel XI zeigt ein Versuchsprotokoll für eine Versuchsreihe. Bei den Fettuntersuchungen war aus später erwähnten Gründen die Forderung für größte Genauigkeit nicht gegeben, und die Kurvenpunkte wurden als Mittelwerte aus nur je zwei Ablesungen bestimmt.

Es sei noch darauf hingewiesen, daß beide Rollen nach jeder Versuchsreihe abgeschliffen wurden, um Störungen durch eine etwaige Abnützung der Rollen, die infolge der höheren Anpreßdrücke hervorgerufen sein könnte, und durch anhaftende Rückstände des vorher untersuchten Schmiermittels auszuschließen.

I. Schmierfähigkeit beim Gleiten von Stahl auf verschiedenen Metallen.

In den Arbeiten von Voitländer wurde die Schmierfähigkeit verschiedener Öle für Reibung von Stahl auf Stahl untersucht. Aufgabe der neuen Untersuchungen war es herauszufinden, in welcher Weise die Schmierfähigkeit sich ändert, wenn eine der reibenden Flächen aus einem anderen Metall besteht. Die Untersuchung erstreckte sich in erster Linie auf solche Metalle, die in der Praxis als Lagermetalle Verwendung finden. Um die Verwendungsmöglichkeit des Ölprüfapparates für diese Metalluntersuchungen zu prüfen, wurden zunächst am alten Apparat Vorversuche durchgeführt. Als Schmiermittel wurde das amerikanische Maschinenöl 3 T verwendet, das Voitländer schon früher bei seinen Versuchen benutzt hatte.

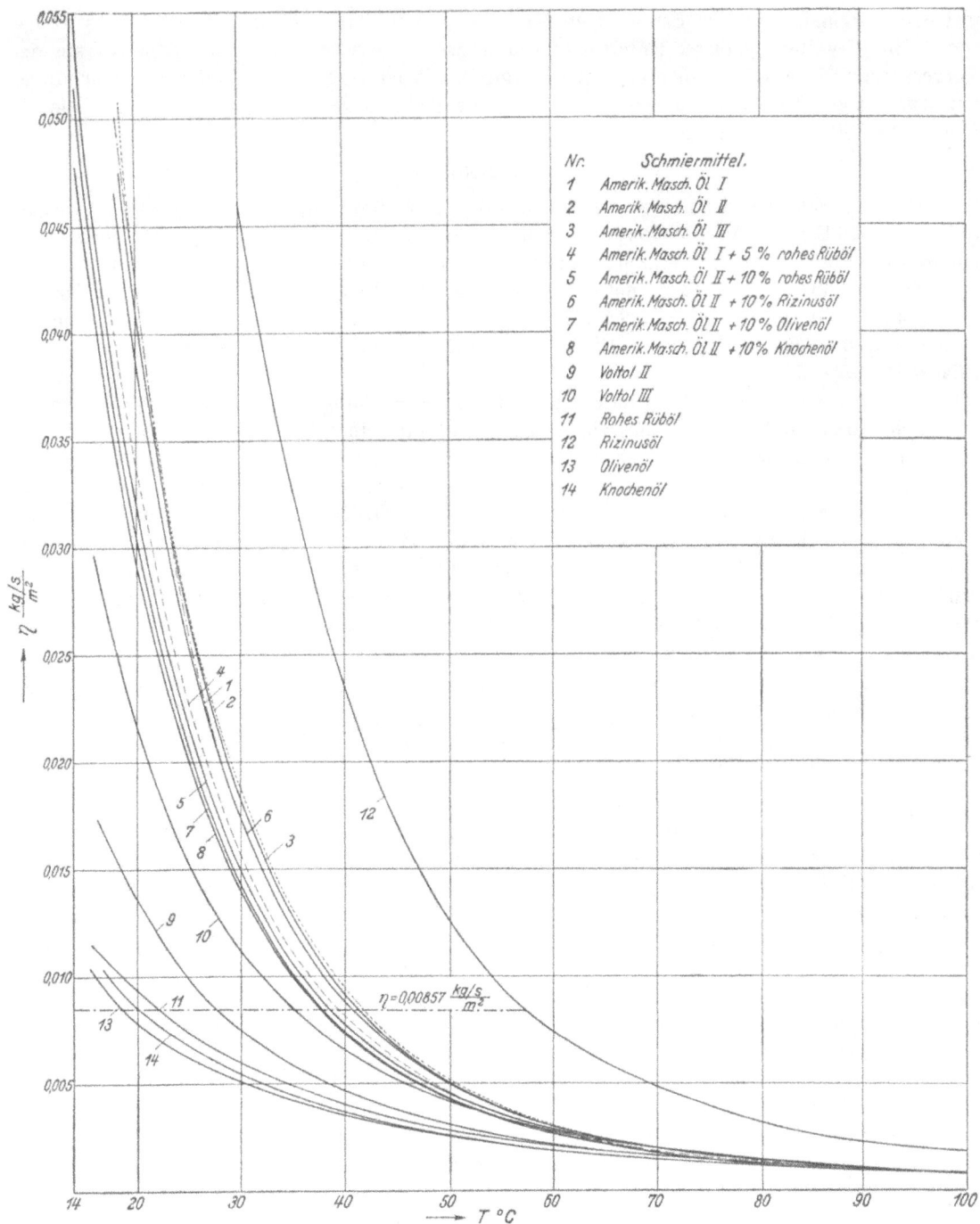

Nr. *Schmiermittel.*
1 *Amerik. Masch. Öl I*
2 *Amerik. Masch. Öl II*
3 *Amerik. Masch. Öl III*
4 *Amerik. Masch. Öl I + 5 % rohes Rüböl*
5 *Amerik. Masch. Öl II + 10 % rohes Rüböl*
6 *Amerik. Masch. Öl II + 10 % Rizinusöl*
7 *Amerik. Masch. Öl II + 10 % Olivenöl*
8 *Amerik. Masch. Öl II + 10 % Knochenöl*
9 *Voltol II*
10 *Voltol III*
11 *Rohes Rüböl*
12 *Rizinusöl*
13 *Olivenöl*
14 *Knochenöl*

$\eta = 0{,}00857 \dfrac{kg \cdot s}{m^2}$

Abb. 2.

Die am Apparat für $\eta = 0{,}00857$ kg s/m² einzustellende Temperatur betrug 31° C. Der Werkstoff der Gegenrolle (früher Antriebsrolle genannt) war bei diesen Versuchen gehärteter Stahl, die Baustoffe der Meßrolle waren: als Grenzfall gehärteter Stahl, zwei Bronzen: Normale Lagerbronze und Caro-Phosphorbronze, und zwei Weißmetalle: W. M. 80 und Gittermetall. In Zahlentafel I sind die Reibungswerte bei einem Anpreßdruck von 4000 g und 8000 g angegeben. Es zeigten sich, in Übereinstimmung mit den Erfahrungen der Praxis, große Unterschiede in der Reibungsanzeige, sodaß eine Erweiterung dieser Untersuchungen wünschenswert erschien. Die Ergebnisse aus den Vorversuchen lassen jedoch einen absoluten Vergleich mit denjenigen der späteren Untersuchungen am neuen Apparat nicht zu, da diese unter anderen Bedingungen durchgeführt wurden, wie aus folgendem Teil ersichtlich ist.

Hauptversuche.

Bei den Hauptversuchen war die Umlaufzahl der Meßrolle $n_1 = 50$ U/min, die der Gegenrolle $n_2 = 300$ U/min. Als Schmiermittel wurden für jede Metalluntersuchung 3 Öle verwendet: ein Mineralöl (amerikanisches Maschinenöl I), ein Compoundöl (amerikanisches Maschinenöl I und 5% rohes Rüböl) und ein Pflanzenöl (rohes Rüböl), deren Zähigkeiten durch Einstellen der entsprechenden Temperaturen gleichgemacht wurden. Es waren für $\eta = 0,00857$ kg s/m² folgende Temperaturen einzustellen: für das Mineralöl 40,5° C, für das Compoundöl 39,1° C und für das Pflanzenöl $= 21,7°$ C.

Die Art des Lagermetalles ist im Betrieb bei flüssiger Reibung auf die Größe der Reibungszahl praktisch ohne Einfluß. Die Eignung eines Lagermetalles für einen bestimmten Zweck ist abhängig von dem Verhalten des betreffenden Metalles bei halbtrockener bzw. halbflüssiger Reibung und dem dabei auftretenden Flächendruck. Für kleine Flächendrücke eignet sich erfahrungsgemäß Gußeisen bei genauer Ausführung, für höhere und höchste Drücke Bronze und namentlich Weißmetall und ähnliche Lagermetalle. Weißmetalle verwendet man insbesondere dann, wenn höchste Betriebssicherheit angestrebt werden muß, ferner wenn Kanten der Welle möglich ist. Demnach war der Werkstoff der Gegenrolle für alle Versuche ungehärteter Wellenstahl, während für die Werkstoffausführung der Meßrolle verschiedene Lagermetalle gewählt wurden. Die Metalle wurden in drei Gruppen eingeordnet:

1. Weißmetalle (Legierungen von Sn mit Cu und Sb, in denen häufig ein großer Teil des Sn durch Pb ersetzt wird),
2. Bronzen (Legierungen, in denen Cu als Hauptbestandteil vorherrscht),
3. Sondermetalle.

Gruppe 3 enthält Metalle, die für wenig beanspruchte Lager Verwendung finden, wie Gußeisen und Al-Lagermetall, und außerdem Legierungen, die eine Ausnahmestellung einnehmen, wie gezogenes Messingrohr, Zn-Legierung und Autolagermetall. Letztere beide haben einen hohen Gehalt an Sondermetallen aufzuweisen. Zn-Zusatz zu Weißmetallen sucht man im allgemeinen zu vermeiden, da die harten Zinkkristalle starken Zapfenverschleiß verursachen; deshalb sind Weißmetalle mit Zn-Zusatz nur für geringe Beanspruchung brauchbar. Stahl wurde als Grenzfall untersucht. Zahlentafel II zeigt die Einordnung der untersuchten Metalle in die entsprechenden Gruppen, Zahlentafel III die Zusammensetzung der Metalle. Zahlentafel IV gibt die Verwendungsbereiche der einzelnen Metalle an[1]).

Die Versuchsergebnisse sind aus den Zahlentafeln V bis VII und aus den Abb. 3 bis 11, in welch letzteren die Reibungskurven in Abhängigkeit vom Anpreßdruck dargestellt sind, ersichtlich. Hierin stellt R_0 den Gesamtbetrag der Reibung dar, der errechnet wurde, da an der Torsionswaage nur die Axialkomponente der Reibung gemessen wird (s. Anmerkung 1). Zahlentafel V zeigt die Reibungswerte für die drei untersuchten Schmiermittel bei dem maximalen Anpreßdruck von 4000 g für sämtliche Metalle. Die Metalle sind dabei für jedes Schmiermittel nach der Größe der Reibung geordnet. Zahlentafel VI zeigt dieselben Reibungswerte, jedoch sind hier die Metalle nach Gruppen aufgeführt und innerhalb ihrer Gruppe nach der Größe der Reibung geordnet. Zahlentafel VII zeigt die Reibungswerte der genormten Weißmetalle bei einem Anpreßdruck von 4000 g. In Abb. 3 bis 5 sind die Versuchsergebnisse der Weißmetalluntersuchungen für die drei als Schmiermittel verwendeten Öle dargestellt, in den Abb. 6 bis 8 diejenigen der Bronze- und in den Abb. 9 bis 11 diejenigen der Sondermetalluntersuchungen.

---

[1]) Die hierin gemachten Angaben sind zum Teil dem Taschenbuch „Hütte", zum Teil dem Buche „Metall und Legierungskunde" von M. v. Schwarz, zum Teil Angaben der Lieferfirmen entnommen.

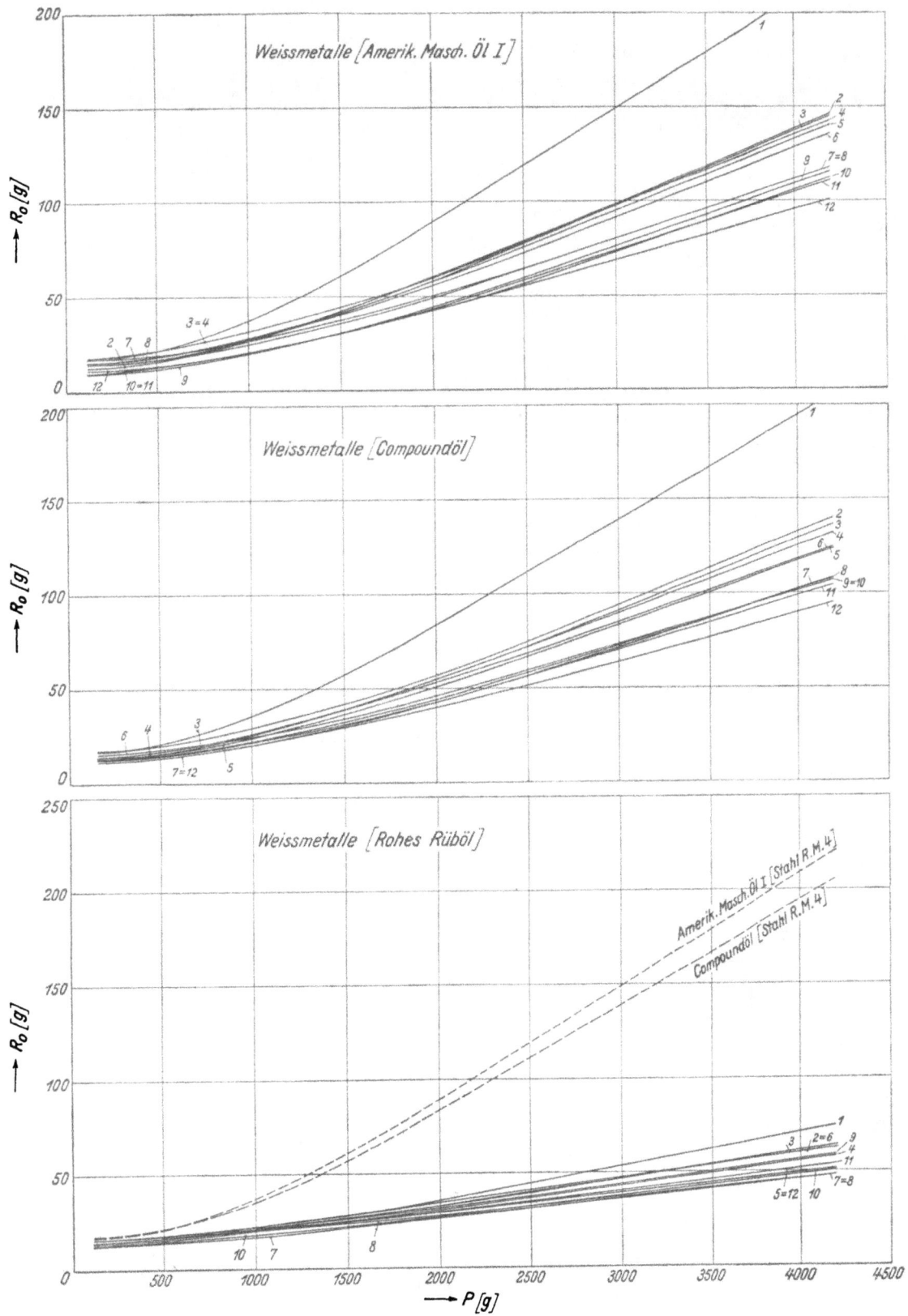

Abb. 3—5. Reibungskurven der Weißmetalle.

Nr.	Metall	Nr.	Metall	Nr.	Metall
1	Stahl R. M. 4.	5	Glyko Auto 86	9	W. M. 10.
2	W. M. 80.	6	W. M. 5.	10	Thermit
3	W. M. 42.	7	Bahnmetall	11	W. M. 20.
4	Glyko Auto 82	8	Gittermetall	12	Uno Glyko

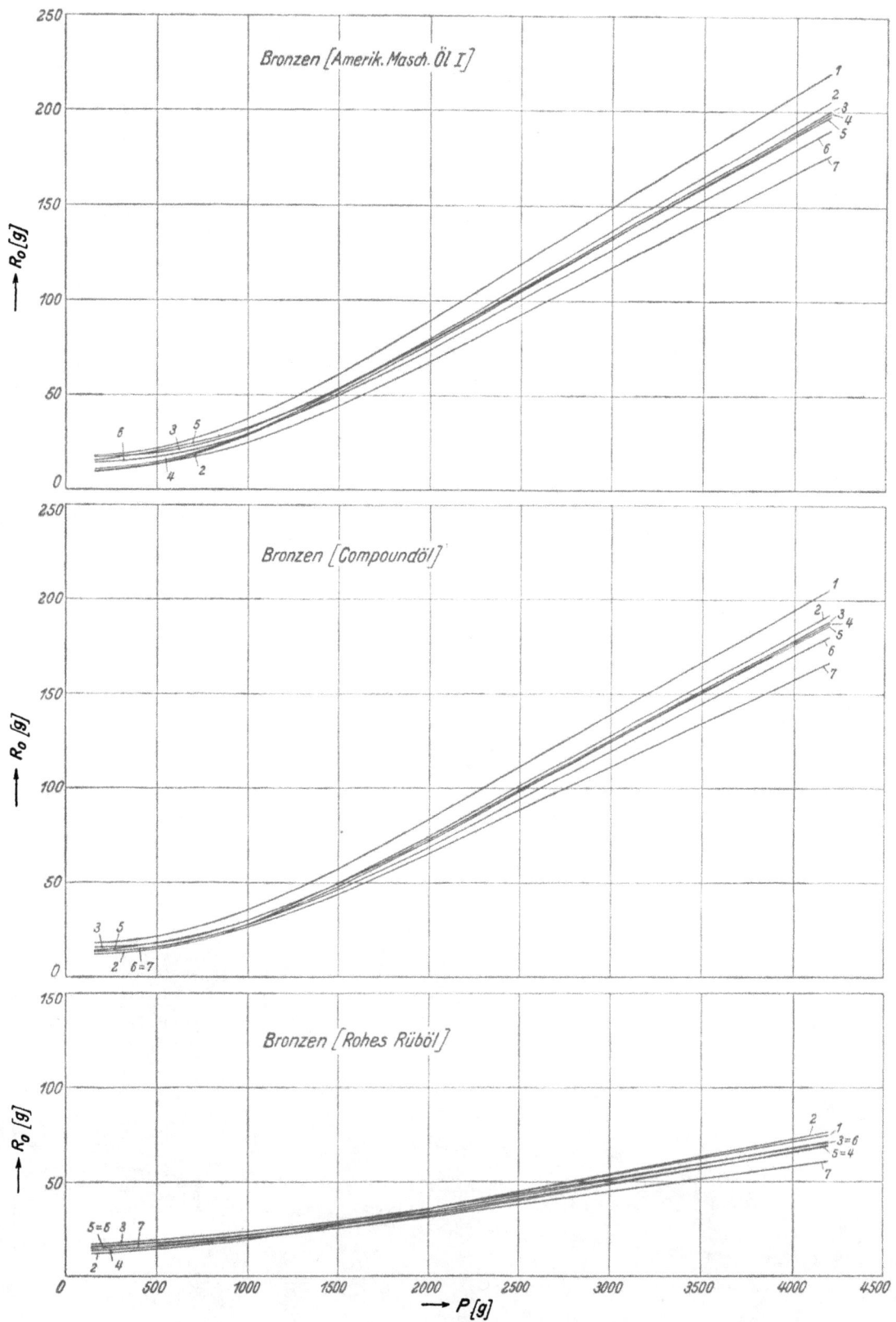

Abb. 6—8. Reibungskurven der Bronzen.

Nr.	Metall	Nr.	Metall
1	Stahl R. M. 4.	5	Normale Lagerbronze
2	Al-Bronze „G"	6	Ni-Bronze
3	Caro-Phosphor-Bronze	7	Tego-Blei-Bronze
4	Al-Bronze „S"		

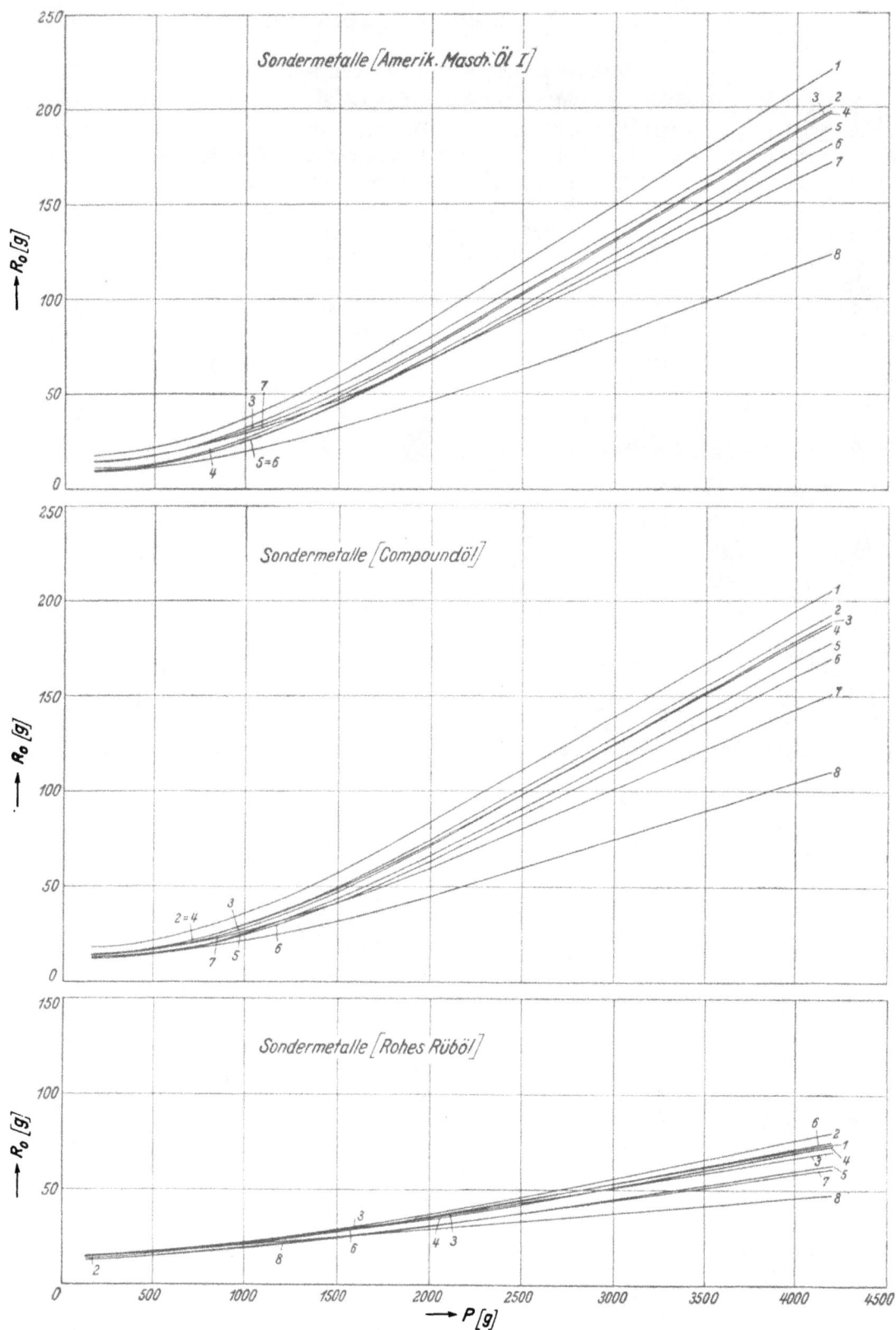

Abb. 9—11. Reibungskurven der Sondermetalle.

Nr.	Metall	Nr.	Metall
1	Stahl R. M. 4.	5	Al-Legierung
2	Gußeisen 1	6	Gußeisen 2
3	Al-Lagermetall	7	Auto-Lagermetall
4	Messingrohr	8	Zn-Legierung

Diskussion der Versuchsergebnisse.

Der grundsätzliche Verlauf sämtlicher Reibungskurven ist folgender: Bei kleinen Anpreß-
drücken zeigt sich ein angenähert horizontaler Verlauf der Reibungskurven. Mit zunehmender
Belastung steigen die Reibungswerte an, zunächst in Form einer Kurve bis ungefähr 2000—2500 g
Anpreßdruck. Von da ab erfolgt der Anstieg in der Reibungsanzeige linear. Dieser Verlauf der
Kurven ist durch Vorgänge an der Berührungsstelle der beiden Rollen verursacht. Bei geringem
Anpreßdruck erleidet der Ölfilm an der Berührungsstelle der beiden Rollen noch keine Unterbrechung;
hier herrscht Flüssigkeitsreibung. Bei größerer Belastung tritt allmählich ein Abreißen des Ölfilms
ein und damit ein Übergang von flüssiger in halbflüssige Reibung.

Die Unterschiede in der Reibungsanzeige der einzelnen Metalle sind sehr beträchtlich. Bei
kleinen Anpreßdrücken, bei denen die Unterschiede in der Reibungsanzeige noch sehr gering sind,
tritt eine Verschiebung in der Reihenfolge der einzelnen Reibungswerte ein, wie aus dem vielfachen

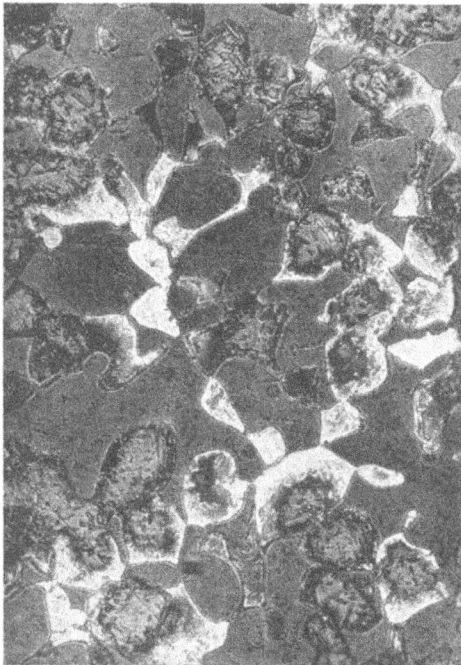

Abb. 12. Nickel-Bronze.

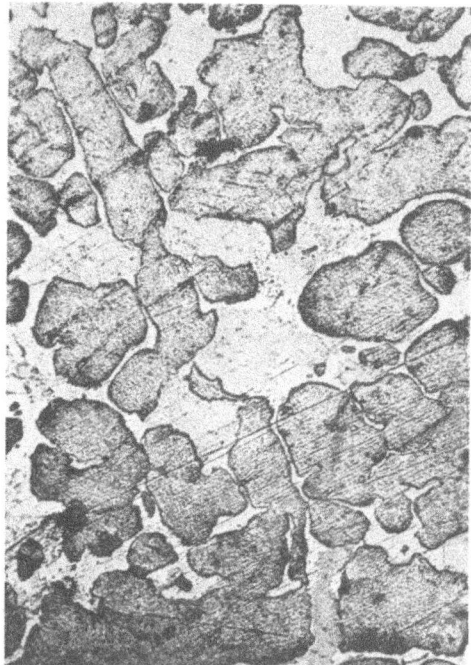

Abb. 13. Auto-Lagermetall.

Überschneiden der Kurven in der graphischen Darstellung ersichtlich ist. Aus den oben angeführten
Zahlentafeln ergibt sich: Die niedrigste Reibung, also die besten Gleiteigenschaften, weist Gruppe 1,
die Weißmetalle auf. Insbesondere lieferten Metalle, in denen das Sn großenteils durch Pb ersetzt
ist, gute Resultate. Wesentlich höher in der Reibungsanzeige sind die Gruppen 2 und 3, die Bronzen
und Sondermetalle. Bei reinem Pflanzenöl ist die Reihenfolge der nach ihrer Gleitfähigkeit geordneten Metalle eine andere als bei reinem oder mit geringem Zusatz versehenem Mineralöl. Herr-
schel fand[1] in seinen Untersuchungen, daß die Gleitfähigkeit der Metalle mit zunehmendem Pb-
Gehalt steigt. Nach den vorliegenden Versuchsergebnissen zeigt sich bei stark bleihaltigen Lager-
metallen eine wesentliche Verbesserung gegenüber den teuren Metallen mit hohem Zinngehalt,
jedoch ist es, wie aus Zahlentafel VI hervorgeht, nicht vorteilhaft, den Bleigehalt höher als 70 bis
75% zu wählen. Bei den Untersuchungen mit Mineral- und Compoundöl, die in der Praxis fast
ausschließlich als Schmiermittel Verwendung finden, lieferten nämlich die Metalle: Uno Glyko,
W. M. 20, Thermit und W. M. 10 die niedrigsten Reibungswerte. Auch bei den Bronzen schafft der

[1] Laut mündlicher Angabe.

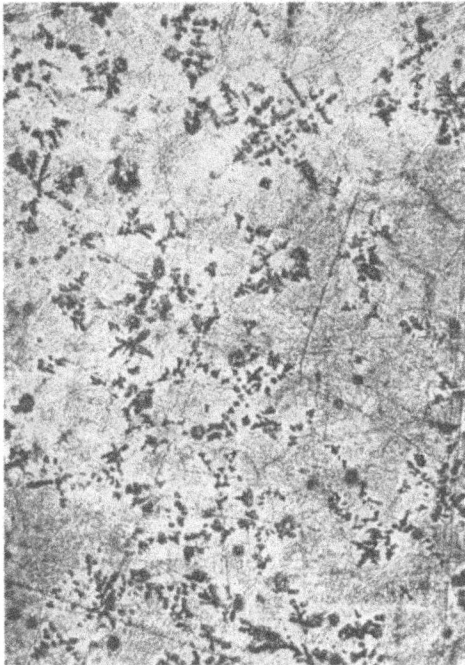

Abb. 14. Feine Körnung (Bahnmetall).

Abb. 15. Gröbere Körnung (W. M. 5.).

Abb. 16. Grobe Körnung (W. M. 80.).

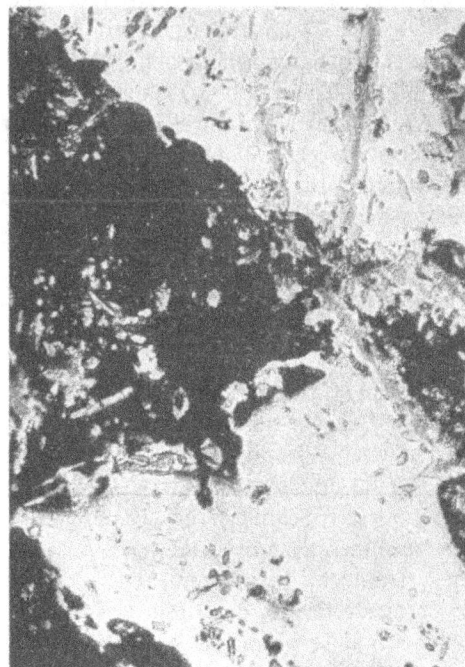

Abb. 17. Sehr grobe Körnung (W. M. 42.).

Bleigehalt eine wesentliche Verbesserung der Gleitfähigkeit, wie aus den Versuchsergebnissen mit Tego-Bleibronze ersichtlich ist. Auffallend ist die gute Gleiteigenschaft von Bahnmetall und Gittermetall bei den Untersuchungen mit rohem Rüböl. Hier scheinen die Zusätze von Alkali- und Erdalkalimetallen einerseits und Graphit andererseits besondere Wirksamkeit zu erlangen.

Maßgebend für die Gleitfähigkeit eines Lagermetalles ist neben den physikalischen Eigenschaften, wie Härte, Druckfestigkeit, Zusammensetzung, besonders der Gefügeaufbau, der durch Ausführung des Gusses (oberer und unterer Schmelzpunkt) bedingt ist. Ein gutes Lagermetall soll heterogen zusammengesetzt sein, d. h. es muß mindestens zwei Kristallarten aufweisen, harte Kristalle als Träger der Welle und eine weiche Grundmasse, in die diese eingebettet sind. Je nach Beschaffenheit dieser Kristalle, ob sie feinkörnig oder grobkörnig sind, wird die Gleiteigenschaft eine Metalles in günstigem oder ungünstigem Sinne beeinflußt. Nachstehende mikroskopische Aufnahmen, die im metallographischen Laboratorium von Professor v. Schwarz gemacht wurden, lassen die Gefügestruktur einiger Metalle erkennen. Die Vergrößerung der Schliffbilder ist 134fach. Abb. 12 und 13 zeigen Beispiele für die Zusammensetzung; dunkle (harte) Kristalle, helle (weiche) Grundmasse. Abb. 14 bis 17 geben Beispiele für die verschiedene Körnung der Kristalle in den Metallen an.

Diese Aufnahmen zeigen, daß neben anderen physikalischen Eigenschaften insbesondere die Beschaffenheit der Oberfläche für die Gleitfähigkeit eines Metalles eine maßgebende Rolle spielt, daß eine feinkörnige Struktur der Oberfläche die Reibung vermindert. Hierin mag auch zum Teil die Ursache für die unterschiedlichen Ergebnisse der Versuche mit Mineralöl und Compoundöl einerseits und Pflanzenöl andererseits zu suchen sein. Pflanzenöle haben bekanntlich wesentlich größere Moleküle als Mineralöle, sodaß der verschiedenartige Widerstand dieser Moleküle an den ebenfalls mikroskopisch kleinen Unebenheiten der Metalloberfläche, die neben der mechanischen Bearbeitung durch den Gefügeaufbau bedingt ist, eine verschiedenartige Beeinflussung der Gleitfähigkeit zur Folge hat. Eine weitere Ursache für das verschiedenartige Verhalten der betreffenden Ölgruppen bei den einzelnen Metallen mögen innere Vorgänge der Schmiermittel sein, insofern als die verschiedenen Metalle eine verschiedenartige Orientierung der Ölmoleküle bewirken werden.

Die Unterschiede sind teilweise recht bedeutend (s. Zahlentafel V). So ist, um nur ein Beispiel herauszugreifen, bei Schmierung mit Mineralöl Gußeisen I deutlich besser (191,6 g) als Stahl, (208,8 g) bei Schmierung mit rohem Rüböl aber Stahl (70,9 g) deutlich besser als Gußeisen I (76,9 g). Daraus folgt, daß die Schmierfähigkeit nicht durch Eigenschaften der Öle allein bedingt ist und beispielsweise nicht allein durch die Verminderung der Zähigkeit bei sehr hohen Schergeschwindigkeiten, die durch Kyropoulos[1]) beobachtet worden ist, erklärt werden kann, sondern daß eine Wechselwirkung zwischen Öl und Metall hinzukommt oder gar überwiegend für die Schmierfähigkeit maßgebend ist.

II. Schmierfähigkeit von Mineralölen, denen fette Öle und Fettsäuren zugesetzt waren.

Pflanzenöle besitzen eine wesentlich höhere Schmierfähigkeit als Mineralöle, werden aber im praktischen Betrieb, für den sie einerseits zu teuer, andererseits infolge ihrer Rückständebildung von schädlicher Wirkung sind, fast gar nicht verwendet. Durch geringe Zusätze fetter Öle zu Mineralölen lassen sich die Vorzüge beider Ölsorten vereinigen, und es läßt sich eine wesentliche Verbesserung der Schmierfähigkeit der Mineralöle erzielen. Deswegen wurde der Einfluß kleiner Zusätze zu Mineralölen ermittelt. Als Zusatzstoffe wurden pflanzliche und tierische Öle sowie Fettsäuren verwendet. Die Vermutung, daß die Verbesserung der Schmierfähigkeit der Mineralöle durch Zusatz fetter Öle durch die verhältnismäßig kleine Menge freier Fettsäure bewirkt wird, die entweder schon ursprünglich in den fetten Ölen vorhanden war oder während der Schmierung darin frei geworden ist, ließ gerade die Untersuchung bei Zugabe von Fettsäuren als sehr wünschenswert erscheinen. Die Zusatzmenge an Fettsäure muß in sehr niedrigen Grenzen gehalten werden (maximal bis zu 2%), da bei größeren Mengen die Gefahr des Anfressens der geschmierten Maschinenteile auftritt.

---

[1]) S. Kyropoulos: Die Zähigkeit von Schmierölen bei hohen Geschwindigkeitsgefällen in der Schmierschicht. Z. Techn. Mech. und Thermodynamik, Bd. 3, Nr. 6.

Bei Durchführung der Untersuchungen war der Werkstoff der beiden Rollen für sämtliche Versuche gehärteter Stahl. Die Umlaufzahlen der Rollen betrugen: $n_1 = 50$ U/min, $n_2 = 300$ U/min. Die Zähigkeit $\eta = 0{,}00857$ kg s/m² wurde wiederum durch Einstellen der entsprechenden Temperaturen gleichgehalten. In Zahlentafel VIII sind die untersuchten Öle (auch das für die früheren Untersuchungen benutzte amerikanische Maschinenöl I) und Fettsäuren mit den wichtigsten Daten gegeben. Die Versuchsergebnisse sind aus den Zahlentafeln IX und X und aus den Abb. 18 bis 22 ersichtlich. Zahlentafel IX zeigt die Versuchsergebnisse für die fetten Öle und für die durch Zusatz von fetten Ölen und Fettsäuren gebildeten Compoundöle, Zahlentafel X die Versuchsergebnisse bei verschiedenen Zusätzen von Stearinsäure zu einem Mineralöl.

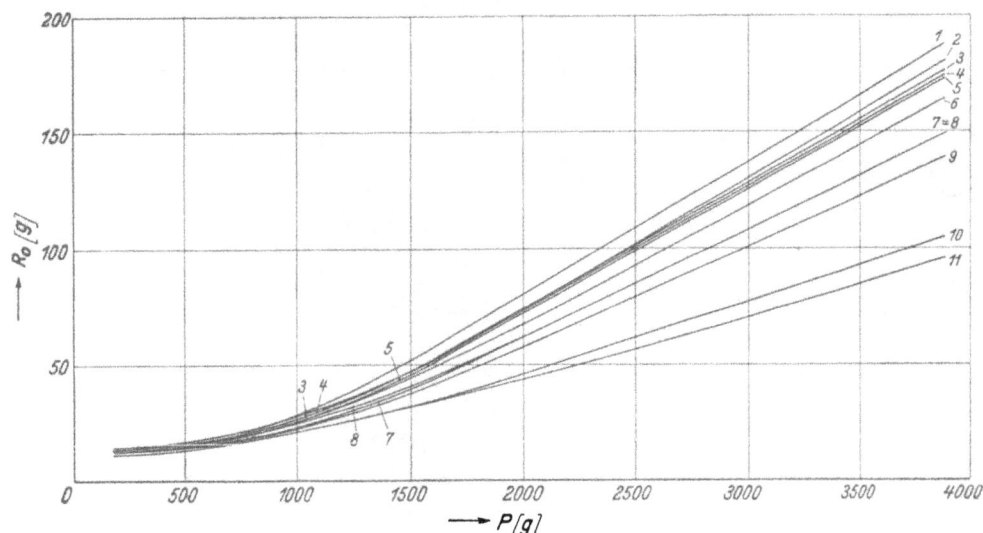

Abb. 18. Reibungskurven der fetten Öle und der durch Zusatz fetter Öle
zu Amerik. Masch. Öl II gebildeten Kompoundöle.

Nr.	Schmiermittel	Nr.	Schmiermittel
1	Amerik. Masch. Öl II	7	Knochenöl
2	,, ,, ,, ,, + 10% Rüböl	8	Voltol III
3	,, ,, ,, ,, + 10% Rizinusöl	9	Voltol II
4	,, ,, ,, ,, + 10% Olivenöl	10	Rohes Rüböl
5	,, ,, ,, ,, + 10% Knochenöl	11	Rizinusöl
6	Olivenöl		

Für die vorliegenden Untersuchungen wurde als Stammöl das amerikanische Maschinenöl II, für die Zusatzversuche bei Compoundierung mit 0,2 bis 2,0% Stearinsäure das amerikanische Maschinenöl III verwendet. Die amerikanischen Maschinenöle I, II und III stellen dieselbe Sorte dar, wurden jedoch in verschiedenen Zeitabschnitten geliefert und haben, wie die Versuche zeigten, untereinander kleine Abweichungen in Zähigkeit und Schmierfähigkeit. Auf die Beurteilung der Versuchsergebnisse, die bei den einzelnen Gebieten in sich abgeschlossen erfolgte, waren diese Abweichungen ohne Einfluß.

Diskussion der Versuchsergebnisse.

Die Untersuchungen mit pflanzlichen und tierischen Ölen einerseits und mit Compoundölen bei denen diese Öle einem Mineralöl zugesetzt wurden, andererseits, lieferten merkwürdige Ergebnisse (Abb. 18). Es zeigte sich, daß Rizinusöl unter diesen fetten Ölen die beste Schmierfähigkeit besitzt, dann folgt rohes Rüböl, dann Knochenöl und zuletzt Olivenöl. Bei Compoundierung des Mineralöles mit diesen Ölen (es wurden jeweils 10% zugesetzt), zeigte sich, daß auf die durch die Compoundierung bewirkte Verbesserung der Schmierfähigkeit keineswegs aus obigen Versuchsergebnissen geschlossen werden kann. Die Compoundöle bei Zusatz von Knochenöl und Olivenöl weisen angenähert gleiche Schmierfähigkeit auf, weniger günstig erweist sich ein Zusatz

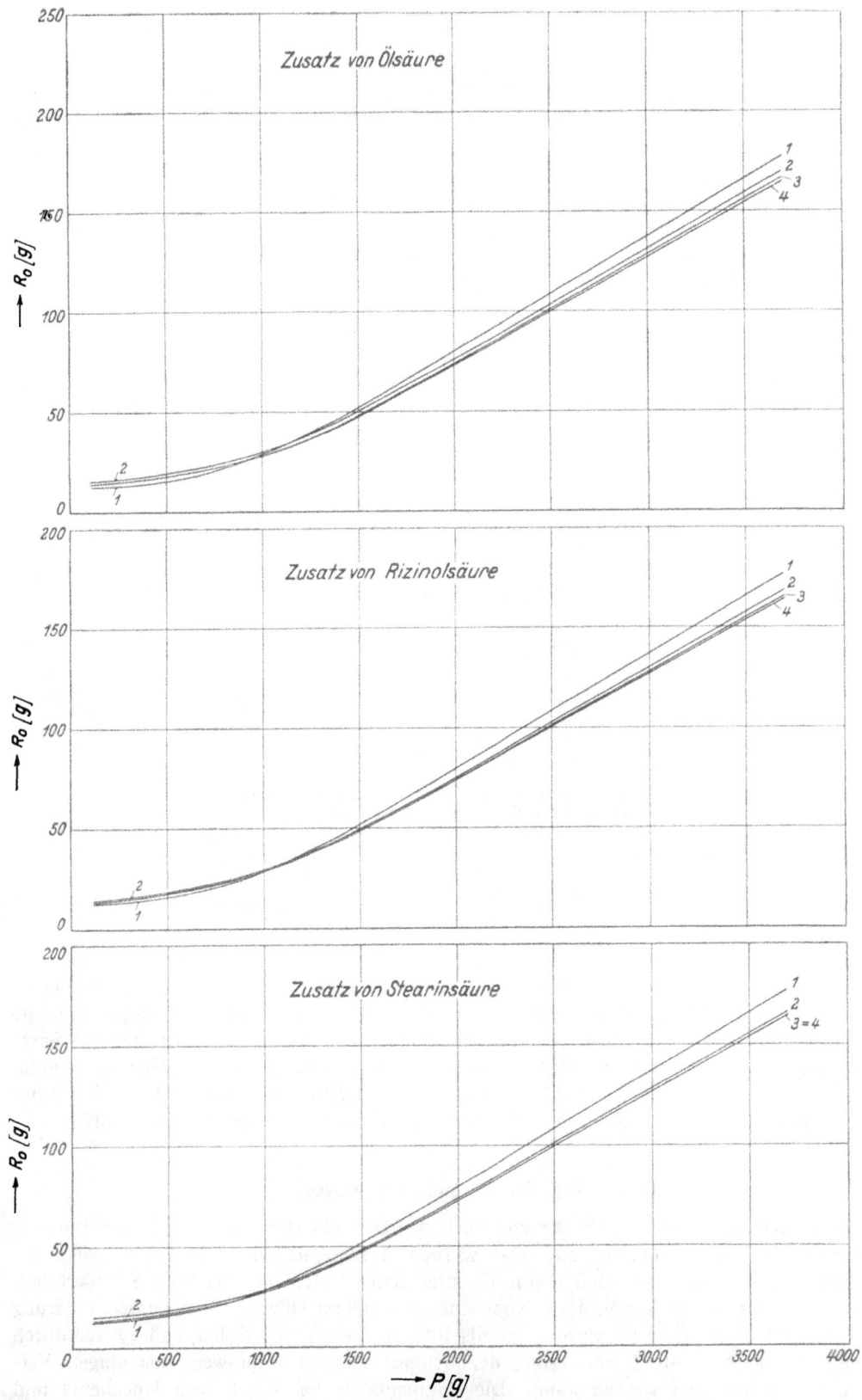

Abb. 19—21. Reibungskurven der durch Zusatz von Fettsäuren zu Amerik. Masch. Öl II gebildeten Kompoundöle.

Nr.	Schmiermittel
1	Amerik. Masch. Öl II
2	„ „ „ „ + 0,5% Fettsäure
3	„ „ „ „ + 1,0% Fettsäure
4	„ „ „ „ + 2,0% Fettsäure

von Rizinusöl, und am wenigsten wirkt ein Zusatz von rohem Rüböl. Einen interessanten Vergleich liefern die Versuchsergebnisse dieser Compoundöle mit denen von Compoundölen, die durch geringen Zusatz von Fettsäure hergestellt wurden. Bei 2% Fettsäurezusatz brachten alle Fettsäuren ungefähr dieselbe Verbesserung der Schmierfähigkeit: die Verbesserung ist fast so groß wie bei Zusatz von 10% Knochenöl oder Olivenöl, sie ist ebenso groß wie bei Zusatz von 10% Rizinusöl und größer als bei Zusatz von 10% rohem Rüböl. Dagegen ergaben sich bei 0,5% und 1% Fettsäurezusatz beträchtliche Unterschiede zwischen der Wirkung der einzelnen Fettsäuren (Abb. 19 bis 21). Es zeigte sich, daß es unzweckmäßig ist, bei Zusatz von Fettsäure höher als 1,0% zu gehen, da bei höheren Zusätzen die noch erzielte Verbesserung in keinem Verhältnis steht zu den erforderlichen Zusatzmengen. Bei Stearinsäure, mit deren Zusatz sich die günstigsten Reibungswerte

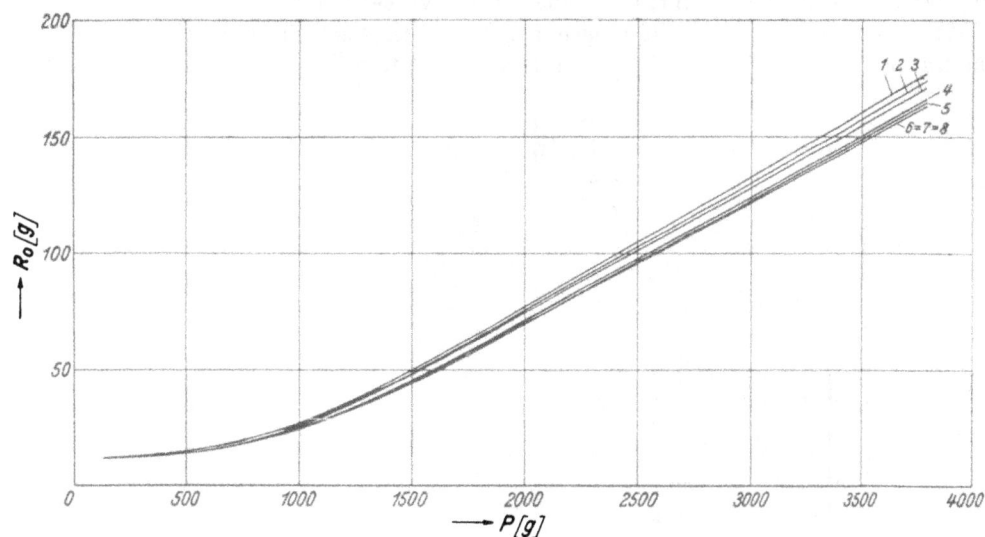

Abb. 22. Reibungskurven der durch Zusatz von Stearinsäure zu Amerik. Masch. Öl III gebildeten Kompoundöle.

Nr.	Schmiermittel	Nr.	Schmiermittel
1	Amerik. Masch. Öl III	5	Amerik. Masch. Öl III $+ 0,8\%$ Stearinsäure
2	„ „ „ „ $+ 0,2\%$ Stearinsäure	6	„ „ „ „ $+ 1,0\%$ „
3	„ „ „ „ $+ 0,4\%$ „	7	„ „ „ „ $+ 1,5\%$ „
4	„ „ „ „ $+ 0,6\%$ „	8	„ „ „ „ $+ 2,0\%$ „

ergaben, konnte bei Zusatz über 1,0% keine weitere Verbesserung gefunden werden. Diese Ergebnisse sind demnach gut in Einklang zu bringen mit der bereits oben angeführten, aus der Praxis sich ergebenden Forderung, daß Zusätze von Fettsäuren zu Mineralölen in kleinen Grenzen gehalten werden sollen, wegen der Gefahr des Anfressens der geschmierten Maschinenteile. In Zahlentafel X sind die Ergebnisse von Versuchen mit Stearinsäure angegeben, die die Verbesserung der Schmierfähigkeit bei allmählicher Steigerung der Zusätze zeigen (Abb. 22). In Abb. 23 ist die Reibungsminderung in g in Abhängigkeit vom prozentualen Gehalt der dem Mineralöl zugesetzten Fettsäuren dargestellt.

Die Steigerung der Schmierfähigkeitsverbesserung erfolgt allmählich bis ca. 0,4% Zusatz, dann tritt von 0,4 bis 0,6% ein steiles Ansteigen der Kurve ein und von hier wieder ein allmähliches Ansteigen bis zu einem Maximalwert von 1,0%. Diese Ergebnisse können durch innere Vorgänge in den Schmiermitteln bei halbflüssiger Reibung erklärt werden. P. Woog[1] unterscheidet neben der Zähigkeit des Öles verschiedene andere Eigenschaften, als deren wichtigste er Form und Abmessungen sowie Orientierungsfähigkeit der Moleküle ansieht. Je größer und regelmäßiger diese sind und je mehr aktive Zentren sie besitzen, um so stärker werden sie an einer Grenzfläche angereichert und festgehalten. Sie bilden beim Orientierungsvorgang der Grenzfläche ein „Epilamen", danach reihen sich paarweise Molekülgruppen an, die sich in der sog. polaren Ebene Kopf an Kopf

[1] Paul Woog: Contribution à l'étude du Graissage. Librairie Delagrave, Paris 1926.

gegenüberstehen, während sich die inaktiven Enden in den sogenannten Spaltebenen berühren, in der sich der Gleitvorgang vollzieht. Je stärker das Epilamen und je größer die durch die Fernwirkung bedingte Schichtenbildung ist, um so günstigere Reibungsverhältnisse erhält man. Diese Betrachtungen klären auf, warum schon geringe Zusätze von fetten Ölen und Fettsäuren zu einem Mineralöl die Schmierwirkung bedeutend heraufsetzen. Fettsäuren besitzen große und hochaktive Moleküle und ebenso die fetten Öle, denn in ihnen sind Fettsäuren vorhanden, die, wie bereits oben erwähnt, die gute Schmierwirkung bedingen. Bei Zusatz solcher Öle bilden sich das Epilamen und die nächsten Molekülschichten aus den aktiven Molekülen des guten zugesetzten Öles, wodurch die Bildung von Spaltebenen sehr erleichtert wird. Bei Zusatz von 1% Fettsäure erreicht die Anreicherung der aktiven Moleküle ihren Höhepunkt, es tritt also eine Sättigung ein, die eine Vergrößerung des Epilamens ausschließt, d. h. eine weitere Verbesserung der Schmierfähigkeit nicht erzielen läßt. Hierin können auch die obigen Ergebnisse der Versuche mit den fetten Ölen ihre Erklärung finden. Der Fettsäuregehalt[1]) der untersuchten fetten Öle wurde nicht eigens bestimmt,

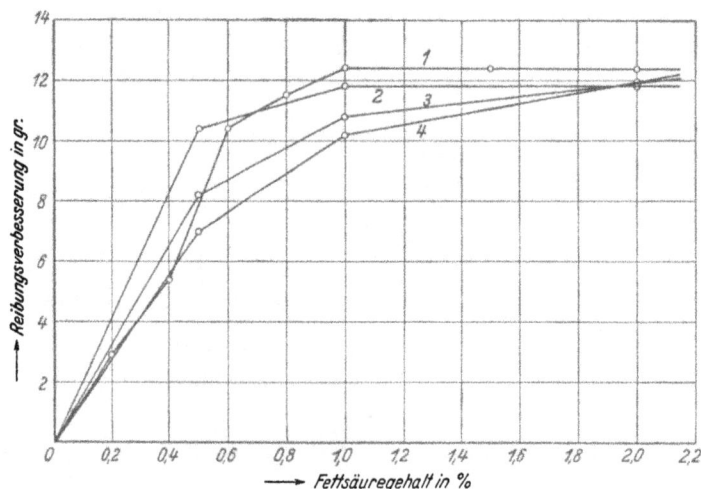

Abb. 23.

Nr.	Schmiermittel	Nr.	Schmiermittel
1	Amerik. Masch. Öl III + Stearinsäure	3	Amerik. Masch. Öl II + Rizinolsäure
2	Amerik. Masch. Öl II + Stearinsäure	4	Amerik. Masch. Öl II + Ölsäure

konnte jedoch mit einer für den vorliegenden Zweck genügender Genauigkeit aus den bekannten, in Zahlentafel VIII unten angegebenen, durchschnittlichen Gehalten der betreffenden Ölsorten beurteilt werden. Hieraus ist erkennbar, daß die durch Zusatz von 10% fetten Öles entstandenen Compoundöle einen Fettsäuregehalt von 0,01 bis 0,07% aufweisen. Ein Vergleich der in Zahlentafel IX für die Compoundöle zusammengestellten Reibungswerte untereinander liefert das Ergebnis, daß die Schmierfähigkeitsverbesserung bei Compoundierung mit fetten Ölen nicht ausschließlich durch den Fettsäuregehalt dieser Öle erklärt werden kann. Während sich nämlich die prozentuale Reibungsverbesserung bei Zusatz von 0,5% Fettsäure in den Grenzen von rd. 4,2% bis 6,3% bewegt, beträgt die durch Zusatz von 10% fetten Öles bewirkte Verbesserung rd. 4,8% bis 8,0%, ist also wesentlich höher, als dem Fettsäuregehalt entsprechen würde. Noch deutlicher kommt dieser Unterschied zum Ausdruck bei Zusatz von 10% Olivenöl einerseits (also bei nur 0,01% Fettsäuregehalt des Compoundöles) und 0,2% Stearinsäure andererseits. Im ersten Fall beträgt die erzielte Reibungsverbesserung rd. 7,8%, im zweiten Fall nur rd. 1,7%. Es ist deswegen wahrscheinlich, daß außer der Fettsäure noch andere Bestandteile der fetten Öle wirksam sind. Zur Klärung dieser Frage sind weitere Versuche nötig. Insbesondere wird dabei der Fettsäuregehalt der Compoundöle direkt bestimmt werden müssen, auch wird festzustellen sein, ob sich bei

---

[1]) Nach Laboratoriumsermittlungen der Lieferfirma.

Zusatz von Fettsäure zu einem Mineralöl eine genügend innige Vermischung der beiden Elemente, die bei den vorliegenden Versuchen durch sorgfältiges Erwärmen des Mineralöles und tropfenweise Zugabe der Fettsäure bei ständigem Durchrühren angestrebt wurde, erreichen läßt.

III. Schmierfähigkeit von Starrfetten.

Es soll von vornehrein darauf hingewiesen werden, daß mit den Versuchen der Schmierfähigkeitsbestimmung von Fetten ein vollkommen neues Gebiet der Schmiermitteluntersuchung betreten wird.

Die vorliegenden Untersuchungen sollten feststellen, ob es möglich ist, mit Hilfe des Thomaschen Ölprüfapparates auch über die Schmierfähigkeit von starren Fetten Aufschluß zu erlangen und ob dafür die vorhandene Ausführungsform des Apparates geeignet ist, oder ob eine durchgreifende Änderung, wie z. B. Verminderung der Rollendurchmesser, vorgenommen werden müßte.

Vorversuche ergaben, daß für die Fettuntersuchungen einige Änderungen an der Apparatur erforderlich sind. Bei der Öluntersuchung waren die Rollen in Öl untergetaucht. Dieses Verfahren der Schmiermittelzufuhr konnte bei Fetten wegen ihrer Starrheit nicht angewendet werden. Für Schmiermittelzufuhr wurde dadurch gesorgt, daß beide Rollen vor jedem Versuch mit einer dünnen (rd. 0,7 mm dicken) gleichmäßigen Fettschicht überzogen wurden. Die Fettschicht wird bei der Berührung der Rollen auseinander gepreßt, und das verhältnismäßig starre Fett fließt nach der Berührung nicht mehr zusammen, so daß eine etwa 6 mm breite Spur in der Fettschicht entsteht, in deren Mitte bei größeren Belastungen das Metall der Rollen fast ganz von Fett entblößt ist. Infolge der Axialverschiebung der Rollen entsteht ein spiraliges fettentblößtes Band. Da nun diese Axialverschiebung der Rollen, d. h. die Gewindesteigung der Vorschubspindel, bei der für die Ölversuche benutzten Anordnung klein war im Verhältnis zur Breite dieser Bänder, trat bereits nach einer Umdrehung der Rollen die Berührung zwischen Stellen ein, die nur von einer dünnen Fettschicht überzogen waren, so daß die Versuchswerte stark streuten und bei höheren Anpreßdrücken naturgemäß auch Beschädigungen der Metalloberflächen zu befürchten gewesen wären. Da sich auch durch ständiges Auftragen einer neuen Fettschicht während der Messung eine gleichmäßige Schmiermittelzufuhr zur Quetschstelle nicht ohne Beeinflussung der Messung ermöglichen läßt, lag der Gedanke nahe, durch entsprechende Vergrößerung der Gewindesteigung der Vorschubspindel den bereits benutzten Stellen der Fettschicht auszuweichen. Dies war bei der Gegenrolle verhältnismäßig einfach durchzuführen. Die Gewindesteigung wurde zu 8 mm gewählt. Eine Änderung des Vorschubes der Meßrolle wäre aber mit zu weit gehenden Änderungen an der Apparatur verbunden gewesen. Eine solche Änderung war aber gar nicht nötig, denn die schon aus anderen Gründen erforderliche starke Herabsetzung der Rollendrehzahlen führt dazu, daß die Meßrolle während eines Versuches keine volle Umdrehung macht, so daß die erwähnte Störung bei ihr ausbleibt. Diese starke Herabsetzung der Drehzahlen war notwendig, um bei den verhältnismäßig starren Fetten die durch die Zähigkeit abseits von der Berührungsstelle bewirkte Kraftübertragung unmerklich zu machen. Es wurden gewählt: Die Umlaufzahl der Gegenrolle zu 3 U/min, die der Meßrolle zu 0,5 U/min. Im Hinblick auf den verfügbaren

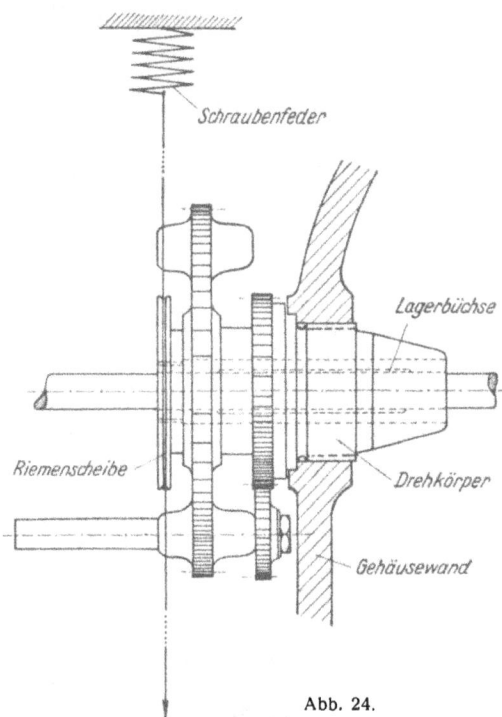

Abb. 24.

Hub der Gegenrolle und die Gewindesteigung wurde dadurch die für die Ablesung verfügbare Zeit von dem früheren Wert von 60 s auf 54 s, also nur unwesentlich vermindert. Dabei war das frühere Geschwindigkeitsverhältnis

$$n_1 : n_2 = \frac{\text{Umlauf der Meßrolle}}{\text{Umlauf der Gegenrolle}} = 1:6$$

beibehalten. Die Verminderung der Umlaufzahlen erfolgte mittels entsprechender Gruppen von Schneckenrädern, Kegelrädern und Riemenvorgelegen. Ferner mußte bedacht werden, daß im Lager der Meßrolle, durch das die Welle in das Gehäuse geführt wird, eine verhältnismäßig hohe Reibung auftritt, die bei der stark erniedrigten Umlaufzahl der Welle eine große Komponente in der Achsenrichtung erhält und somit die Reibungsanzeige mehr als zulässig beeinflussen würde. Es läge der Gedanke nahe, durch Rotation der Lagerbüchse diese unerwünschte Lagerreibung auszuschalten. Wegen Platzmangels konnte jedoch die hiefür erforderliche Anordnung nicht ausgeführt werden.

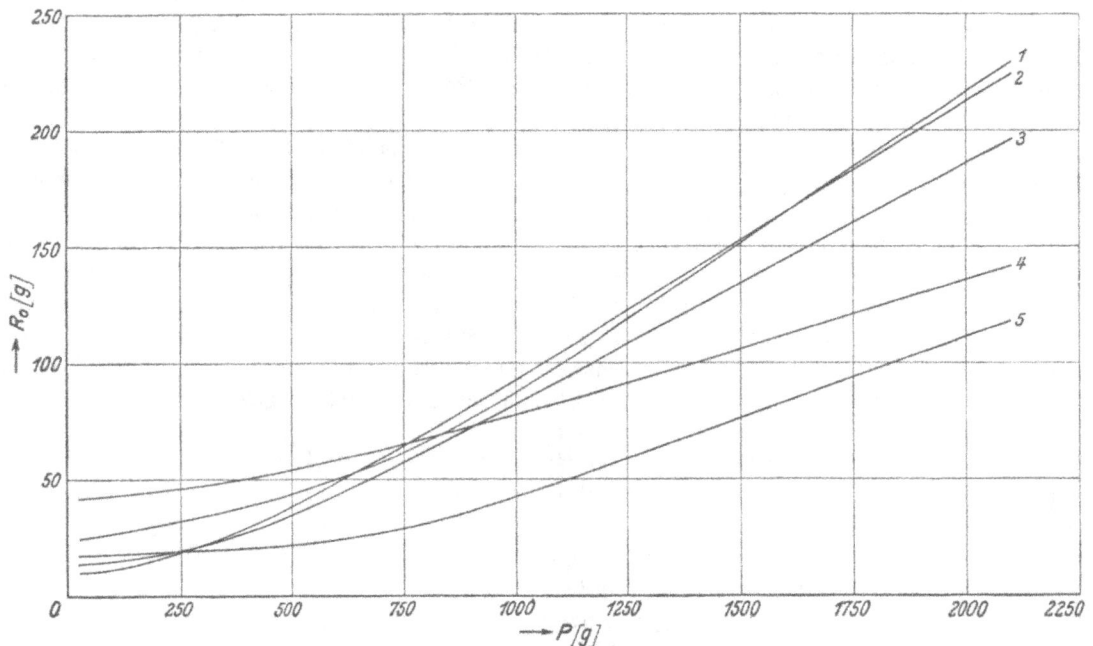

Abb. 25. Reibungskurven der Fette.

Nr.	Schmiermittel	Nr.	Schmiermittel
1	Hahnenfett	4	Präparierfett
2	Staufferfett	5	Automobilkompound
3	Automobilfett weich		

Es wurde nun versucht, in folgender Weise diese reibungsmindernde Wirkung zu erzielen: Die Lagerbüchse ist fest in einen Drehkörper eingepreßt, der in das Gehäuse eingeschraubt ist (Skizze Abb. 24). Am äußeren Ende der Büchse wurde eine Riemenscheibe aufgezogen, die also starr mit Büchse und Drehkörper verbunden ist. Um diese Scheibe ist eine Schnur geschlungen, deren eines Ende an eine am Apparat befestigte Schraubenfeder gebunden ist und deren anderes Ende frei hängt. Durch Ziehen an der Schnur wird die Scheibe und somit der Drehkörper mit Büchse um einen großen Winkel (rd. 360°) gedreht und hierauf durch die Feder in die ursprüngliche Lage zurückgebracht. Durch rasches Wiederholen dieses Vorganges während des Versuches wird also die Lagerbüchse gedreht und die schädliche Axialkomponente der Lagerreibung auf einen unschädlichen Betrag herabgesetzt. Ein Nachteil dieser Anordnung ist der, daß der Drehkörper infolge des Spieles in dem Schraubengewinde, welches zu seiner Führung dient, nicht ganz sicher im Gehäuse gelagert ist; dadurch entstehen kleine Schwankungen des Torsionszeigers, die zwar nicht Anlaß zu Fehlmessungen geben, aber eine genaue Ablesung erschweren. Jedoch genügt, wie die Versuchsergebnisse zeigen, diese Anordnung den Anforderungen dieser Untersuchungen, bei denen es sich noch nicht darum handelte, Resultate von größter erreichbarer Genauigkeit zu erhalten, also einen Apparat zu entwerfen, der sämtliche Anforderungen restlos erfüllt. Diese Untersuchungen liefern vorläufig lediglich Vergleichsversuche einzelner Fette untereinander, so daß alle Apparatkonstanten, wie Lagerreibung od. dgl., praktisch ohne Einfluß auf die Ergebnisse sind. Da bei diesen Versuchen von einer Ausschaltung der Zähigkeit, deren genaue Erfassung umfangreiche Vorversuche bedingen würde, abgesehen werden soll, können als Vergleichsbasis lediglich die Zimmertemperatur und die Dicke der Fettschicht gelten. Die Temperatur schwankte bei den Versuchen zwischen 18 und 20° C. Die Dicke der Fettschicht wurde für alle Versuche zu 0,7 mm gewählt. Mittels eingebauter Abstreifer konnte diese Stärke der Fettschicht bei allen Versuchen mit genügender Genauigkeit gleichgehalten werden.

Hauptversuche.

Die Versuche wurden unter den oben angegebenen Verhältnissen für folgende fünf Fette bei einem Anpreßdruck von 50 bis 2000 g durchgeführt:

1. Handelsübliches Staufferfett,
2. Präparierfett,
3. Hahnenfett (mit Graphitgehalt),
4. Automobilfett weich,
5. Automobilcompound.

Die Versuchsergebnisse sind aus Abb. 25 ersichtlich. Es zeigten sich große Unterschiede in der Reibungsanzeige der verschiedenen Fette. Die einzelnen Meßpunkte, die aus Gründen der Übersichtlichkeit weggelassen sind, weisen nur geringe Streuung auf. Um einen Anhalt für die Starrheit der Fette bei Zimmertemperatur zu bekommen, wurde die Eindrucktiefe einer Stahlkugel von 20 mm Dmr. (Gewicht mit dem auf ihr befestigten Zeiger = 34,0 g) in eine 10 mm starke Fettschicht ermittelt. Diese Untersuchungsmethode war zwar mit Mängeln behaftet, insbesondere war die Fettschicht im Verhältnis zur Kugeleindrucktiefe zu klein, was durch die geringen Vorräte in Fettproben bedingt war, jedoch kann sie zur groben Beurteilung der Starrheit der Fette als genügend betrachtet werden, zumal auch bei den Reibungsversuchen aus oben erwähnten Gründen auf größte Genauigkeit verzichtet wurde. Die Skizze in Abb. 26 zeigt die Versuchsanordnung. In

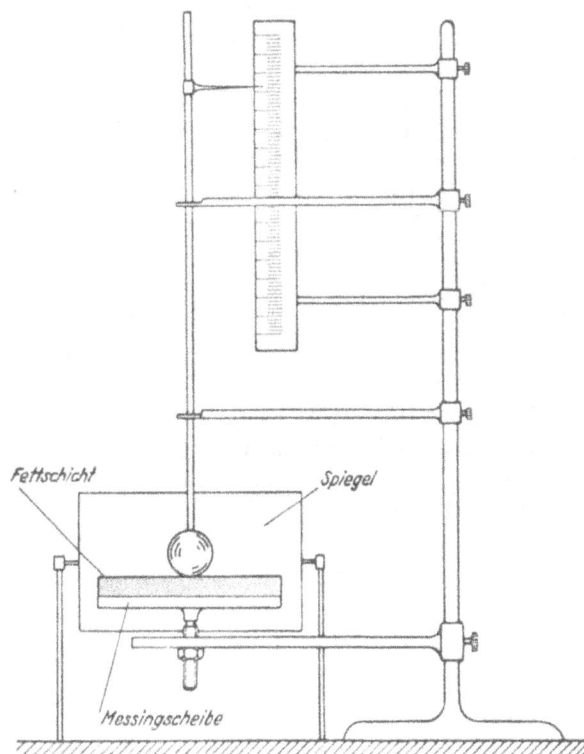

Abb. 26.

Abb. 27 sind die Kugeleindrucktiefen in Abhängigkeit von der Eindruckzeit aufgetragen. Es lassen sich recht bedeutende Unterschiede in der Starrheit der einzelnen Fette feststellen. Ein Vergleich dieser Kurven mit den in Abb. 25 gezeigten Reibungskurven liefert das Ergebnis, daß — ebenso wie bei den Ölen — von einer, nicht notwendigerweise mit dem mechanischen Verhalten größerer Mengen (Zähigkeit bei Ölen, Starrheitsgrad bei Fetten) parallel gehenden, besonderen „Schmierfähigkeit" gesprochen werden darf. Man sollte annehmen, daß bei Schmierung mit Fetten ein Fett sich um so weniger zwischen den reibenden Flächen verdrängen läßt, also um so mehr eine

2*

Reibungsverminderung bewirkt, je starrer es ist. Die vorliegenden Ergebnisse widersprechen dieser Annahme. So ergibt z. B. das Fett Nr. 5 (Automobilcompound) für alle Anpreßdrücke eine geringere Reibung (Abb. 25) als Fett Nr. 4 (Präparierfett), während die Eindrucktiefe bei Fett Nr. 5 für alle

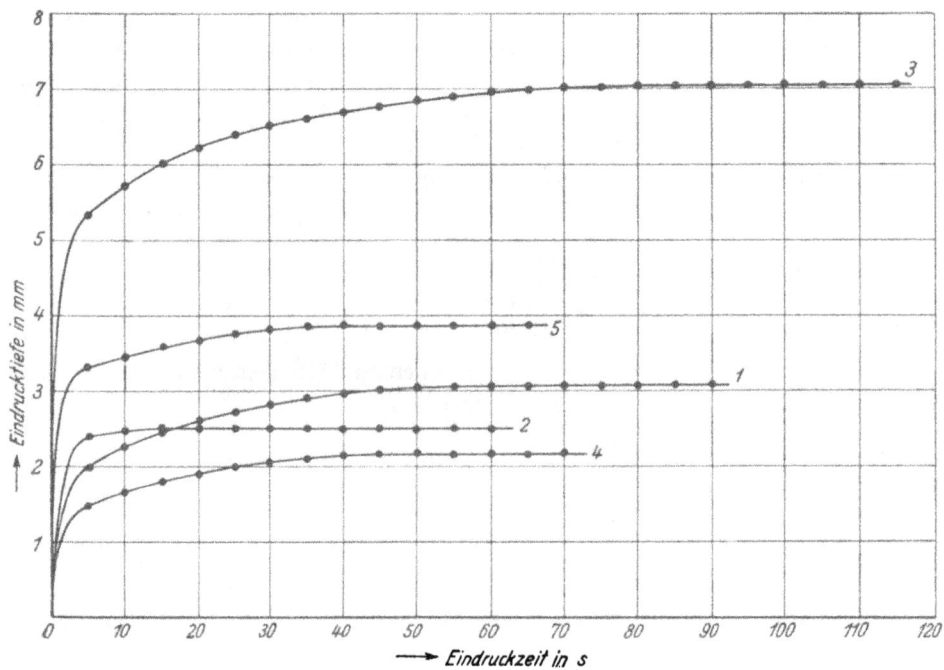

Abb. 27.

Nr.	Fett	Nr.	Fett
1	Hahnenfett	4	Präparierfett
2	Staufferfett	5	Automobilkompound
3	Automobilfett weich		

Eindruckzeiten größer ist als bei Fett Nr. 4. Das weniger starre Fett schmiert also besser. Durch diese, wie erwähnt nur als Vorversuche anzusprechenden Untersuchungen ist der Nachweis erbracht, daß mit Hilfe des Thomaschen Ölprüfprinzips auch die besondere „Schmierfähigkeit" der Fette erforscht werden kann.

Zahlentafel I.

Reibungswerte der untersuchten Metalle bei einem Anpreßdruck von 4000 g und 8000 g. $n_1 = 50$ U/min, $n_2 = 300$ U/min, $T = 31°$ C.

Werkstoff	R_{4000}	R_{8000}
Stahl gehärtet	261	563
Normale Lagerbronze	252	548
Caro-Phosphorbronze	244	526
Weißmetall W. M. 80	180	395
Gittermetall	138	322

Zahlentafel II.

Untersuchte Metalle.

I. Weißmetalle mit hohem Sn- oder Pb-Gehalt.

1. Weißmetall „W. M. 80"
2. Weißmetall „W. M. 42"
3. Weißmetall „W. M. 20" } nach DIN 1703
4. Weißmetall „W. M. 10"
5. Weißmetall „W. M. 5"
6. Glyko-Auto 86

7. Glyko-Auto 82
8. Uno-Glyko
9. Thermit-Lagermetall
10. Gittermetall
11. Bahnmetall

II. Bronzen mit mindestens 50% Cu-Gehalt.

1. Normale Lagerbronze
2. Caro-Phosphorbronze
3. Nickelbronze
4. Al-Bronze (geschmiedet)
5. Al-Bronze (gegossen)
6. Tego-Bleibronze

III. Sondermetalle.

1. Gußeisen 1 (hart)
2. Gußeisen 2 (weich)
3. Automobillagermetall
4. Zn-Legierung
5. Al-Lagermetall
6. Al-Legierung
7. Messingrohr gezogen
8. Stahl „R. M. 4"

Zahlentafel III.

Zusammensetzung der Metalle.

Metall	Zusammensetzung in %
W. M. 80	80,0 Sn; 12,0 Sb; 2,0 Pb; 6,0 Cu.
W. M. 42	42,0 Sn; 14,0 Sb; 41,0 Pb; 3,0 Cu.
W. M. 20	20,0 Sn; 14,0 Sb; 64,0 Pb; 2,0 Cu.
W. M. 10	10,0 Sn; 15,0 Sb; 73,5 Pb; 1,5 Cu.
W. M. 5	5,0 Sn; 15,0 Sb; 78,5 Pb; 1,5 Cu.
Glyko-Auto 86	86,5 Sn; 7,5 Sb; 6,0 Cu.
Glyko-Auto 82	82,0 Sn; 10,5 Sb; 7,5 Cu.
Uno Glyko	12,0 Sn; 15,0 Sb; 70,0 Pb. Rest vergütende Bestandteile.
Thermit-Lagermetall	75,0 Pb; 15,0 Sb; 6,0 Sn; 1,0 Ni; 0,5 Cd; 0,5 As.
Gittermetall	Pb; Sn; Sb; mit Graphitzusatz.
Bahnmetall	98,29 Pb; 0,69 Ca; 0,62 Na; 0,4 Li.
Norm. Lagerbronze	53,5 Cu; 2,2 Al; 1,5 Fe; 1,0 Ni; 4,8 Mn; 37,0 Zn.
Caro-Phosphorbronze . . .	ca. 92,0 Cu; ca. 8,0 Sn; 0,25 P.
Nickelbronze	50,0 Cu; 25,0 Sn; 25,0 Ni.
Al-Bronze (S) . . . . · . .	10,0 Al; 90,0 Cu.
Al-Bronze (G)	10,0 Al; 90,0 Cu.
Tego-Bleibronze	78,5 Cu; 15,0 Pb; 2,5 Sn; 3,0 Ni; 1,0 Zn.
Gußeisen 1 (H)	2,9—3,8 C; 0,5—3,0 Si; 0,3—1,0 Mn; 0,1—1,0 P; 0,1 S. Rest Fe.
Gußeisen 2 (W)	2,9—3,8 C; 0,5—3,0 Si; 0,3—1,0 Mn; 0,1—1,0 P; 0,1 S Rest Fe.
Auto-Lagermetall	47,5 Zn; 5,0 Sb; 47,5 Cd.
Zn-Legierung	50,0 Zn; 25,0 Sn; 25,0 Pb.
Al-Lagermetall.	91,5 Al; 8,0 Cu; 0,5 Mg.
Al-Legierung	86,0 Al; 14,0 Cu.
Messingrohr gezogen	
Stahl R. M. 4	0,4 C; 0,5—0,7 Mn; 0,25 Si; 0,045 P; 0,045 S; Rest Fe.

Zahlentafel IV.

Verwendungsmöglichkeit der Metalle.

Metall	Verwendungsmöglichkeit
W. M. 80	Regelmetall der R. B. für Lokomotiv-, Schnellzug- und Personenzuglager
W. M. 42	
W. M. 20	für hohe Drücke und niedere Drehzahlen
W. M. 10	
W. M. 5	Einheitsmetall der D. R. B. für Güterzugwagen
Glyko Auto 86	für Automobile, Dieselmotoren und Kompressoren
Glyko Auto 82	
Uno Glyko	für Turbinen, Papiermaschinen, Transmissionen, Walzwerkgetriebe
Thermit	für mittlere und hohe Beanspruchung
Gittermetall	für schwer belastete Lager (hohe Lagertemperatur)
Bahnmetall	für mittlere Lagerdrücke und Gleitgeschwindigkeiten
Normale Lagerbronze . . .	
Caro-Phosphorbronze . . .	
Ni-Bronze	
Al-Bronze (S)	für mittlere und hohe Beanspruchungen
Al-Bronze (G)	
Tego-Bleibronze	
Gußeisen 1 (H)	
Gußeisen 2 (W)	für kleine Drücke und hohe Drehzahlen
Auto-Lagermetall	für hohe Beanspruchung
Zn-Legierung	für Lager für Transportwagen
Al-Lagermetall	
Al-Legierung	für wenig beanspruchte Lager
Messingrohr gez.	für mittlere Beanspruchung
Stahl R. M. 4	

Zahlentafel V.

**Reibungswerte für amerikanisches Maschinenöl, Compoundöl und rohes Rüböl
bei einem Anpreßdruck $P = 4000$ g.**

Reihen-folge	Amerik. Maschinenöl Metall	R_0	Compoundöl Metall	R_0	Rohes Rüböl Metall	R_0
1.	Stahl R. M. 4	208,8	Stahl R. M. 4.	194,5	Gußeisen 1	76,9
2.	Al-Bronze (G)	194,1	Gußeisen 1	182,7	Al-Bronze (G)	72,6
3.	Gußeisen 1	191,6	Al-Bronze (G)	181,5	Gußeisen (2)	71,3
4.	Caro-Phosphorbronze .	189,9	Caro-Phosphorbronze .	178,9	Stahl R. M. 4	70,9
5.	Al-Lag.-Metall	188,5	Al-Lag.-Metall	178,9	Messingrohr	68,9
6.	Al-Bronze (S)	188,4	Messingrohr	177,3	Caro-Phosphorbronze .	67,5
7.	Norm. Lagerbronze . .	187,2	Al-Bronze (S)	177,1	Ni-Bronze	67,4
8.	Messingrohr	186,7	Norm. Lagerbronze . .	176,7	Al-Lagermetall	67,2
9.	Ni-Bronze	180,5	Ni-Bronze	171,0	Norm. Lagerbronze . .	65,3
10.	Al-Legierung	178,8	Al-Legierung	168,2	Al-Bronze (S)	65,2
11.	Gußeisen 2	171,2	Gußeisen 2	160,4	W. M. 42	61,2
12.	Tego-Bleibr.	167,6	Tego-Bleibronze	157,9	Al-Legierung	60,3
13.	Auto-Lagermetall . . .	162,9	Auto-Lagermetall . . .	143,2	W. M. 5	60,0
14.	W. M. 80	138,6	W. M. 80	132,4	Tego-Bleibronze	59,9
15.	W. M. 42	137,5	W. M. 42	129,3	W. M. 80	59,8
16.	Glyko Auto 82	135,1	Glyko Auto 82	125,5	Auto-Lagermetall . . .	58,5
17.	Glyko Auto 86	133,4	W. M. 5	117,6	W. M. 10	55,5
18.	W. M. 5	128,3	Glyko Auto 86	117,2	Glyko Auto 82	55,3
19.	Zn-Legierung	116,5	Zn-Legierung	104,8	W. M. 20	51,4
20.	Bahnmetall	112,3	Bahnmetall	101,8	Glyko Auto 86	49,4
21.	Gittermetall	111,7	Gittermetall	101,5	Uno Glyko	49,9
22.	W. M. 10	109,2	W. M. 10	101,4	Thermit	48,6
23.	Thermit	106,3	Thermit	101,4	Bahnmetall	46,3
24.	W. M. 20	104,9	W. M. 20	98,9	Zn-Legierung	46,1
25.	Uno Glyko	95,5	Uno Glyko	90,1	Gittermetall	45,9

Zahlentafel VI.
Reibungswerte für amerikanisches Maschinenöl, Compoundöl und rohes Rüböl bei $P = 4000$ g. Metalle in Gruppen eingeordnet.

Reihen-folge	Amerik. Maschinenöl I Metall	R_0	Compoundöl Metall	R_0	Rohes Rüböl Metall	R_0
			I. Weißmetalle			
1.	W. M. 80	138,6	W. M. 80	132,4	W. M. 42	61,2
2.	W. M. 42	137,5	W. M. 42	129,3	W. M. 5	60,0
3.	Glyko Auto 82	135,1	Glyko Auto 82	125,5	W. M. 80	59,8
4.	Glyko Auto 86	133,4	W. M. 5	117,6	W. M. 10	55,5
5.	W. M. 5	128,3	Glyko Auto 86 . . .	117,2	Glyko Auto 82 . . .	55,3
6.	Bahnmetall	112,3	Bahnmetall	101,8	W. M. 20	51,4
7.	Gittermetall	111,7	Gittermetall	101,5	Glyko Auto 86	49,9
8.	W. M. 10	109,2	W. M. 10	101,4	Uno Glyko	49,4
9.	Thermit	106,3	Thermit	101,4	Thermit	48,6
10.	W. M. 20	104,9	W. M. 20	98,9	Bahnmetall	46,3
11.	Uno Glyko	95,5	Uno Glyko	90,1	Gittermetall	45,9
			II. Bronzen			
1.	Al-Bronze (G)	194,1	Al-Bronze (G)	181,5	Al-Bronze (G)	72,6
2.	Caro-P-Bronze	189,9	Caro-P-Bronze	178,9	Caro-P-Bronze	67,5
3.	Al-Bronze (S)	188,4	Al-Bronze (S)	177,1	Ni-Bronze	67,4
4.	Norm. Lagerbronze . .	187,2	Norm. Lagerbronze . .	176,7	Norm. Lagerbronze . .	65,3
5.	Ni-Bronze	180,5	Ni-Bronze	171,0	Al-Bronze (S)	65,2
6.	Tego-Bleibronze . . .	167,6	Tego-Bleibronze . . .	157,9	Tego-Bleibronze	59,9
			III. Sondermetalle			
1.	Stahl R. M. 4	208,8	Stahl R. M. 4	194,5	Gußeisen 1	76,9
2.	Gußeisen 1	191,6	Gußeisen 1	182,7	Gußeisen 2	71,3
3.	Al-Lagermetall . . .	188,5	Al-Lagermetall . . .	178,9	Stahl R. M. 4	70,9
4.	Messingrohr	186,7	Messingrohr	177,3	Messingrohr	68,9
5.	Al-Legierung	178,8	Al-Legierung	168,2	Al-Lagermetall	67,2
6.	Gußeisen 2	171,2	Gußeisen 2	160,4	Al-Legierung	60,3
7.	Auto-Lagermetall . . .	162,9	Auto-Lagermetall . . .	143,2	Auto-Lagermetall . . .	58,5
8.	Zn-Legierung	116,5	Zn-Legierung	104,8	Zn-Legierung	46,1

Zahlentafel VII.
Genormte Weißmetalle.

Reihen-folge	Amerik. Maschinenöl I Metall	R_0	Compoundöl Metall	R_0	Rohes Rüböl Metall	R_0
1.	W. M. 80	138,6	W. M. 80	132,4	W. M. 42	61,2
2.	W. M. 42	137,5	W. M. 42	129,3	W. M. 5	60,0
3.	W. M. 5	128,3	W. M. 5	117,6	W. M. 80	59,8
4.	W. M. 10	109,2	W. M. 10	101,4	W. M. 10	55,5
5.	W. M. 20	104,9	W. M. 20	98,9	W. M. 20	51,4

Zahlentafel VIII.
Daten der Schmiermittel.

Nr. in Abb. 2	Schmiermittel	γ 15°C kg dm³	Zähigkeit bei 50°C kg·s m²	E°	Temp. in °C bei $\eta = 0,00857$ kg·s m²
1.	Amerik. Maschinenöl I	0,924	0,00490	7,08	40,5
2.	Amerik. Maschinenöl II	0,924	0,00498	7,19	41,5
3.	Amerik. Maschinenöl III	0,924	0,00524	7,55	41,0
4.	Amerik. Maschinenöl I + 5% roh. Rüböl	0,923	0,00458	6,63	39,1
5.	,, ,, II + 10% roh. Rüböl	0,923	0,00455	6,59	38,4
6.	,, ,, II + 10% Rizinusöl	0,928	0,00498	7,15	40,6
7.	,, ,, II + 10% Olivenöl	0,923	0,00435	6,31	37,7
8.	,, ,, II + 10% Knochenöl	0,923	0,00426	6,18	37,5
9.	Voltolöl II	0,898	0,00312	4,71	27,3
10.	Voltolöl III	0,907	0,00414	6,11	34,9
11.	Rohes Rüböl	0,919	0,00286	4,30	21,7
12.	Rizinusöl	0,957	0,01254	17,40	57,0
13.	Olivenöl	0,909	0,00253	3,83	18,3
14.	Knochenöl	0,906	0,00250	3,81	19,9

(Abb. 3—5 / Abb. 6—8 / Abb. 9—11)

Fettsäuren:

Fettsäure	Chem. Formel	γ 15 °C
Ölsäure	$C_{18} H_{34} O_2$	0,898
Rizinolsäure	$C_{18} H_{34} O_3$	0,940
Stearinsäure	$C_{18} H_{36} O_2$	0,845 bei 70° C

Fettsäuregehalt der fetten Öle:

Olivenöl . . . . . . 0,1 %
Rizinusöl . . . . . 0,7 %
Klauenöl . . . . . 0,7 %
Rüböl . . . . . . 0,7 %

Zahlentafel IX.

Reibungswerte bei einem Anpreßdruck $P = 3500$ g.

Schmiermittel	R_0	
1. Fette Öle		
Amerikanisches Maschinenöl II	165,8	
Olivenöl	144,0	
Voltolöl III	131,7	
Knochenöl	131,2	Abb. 18.
Voltolöl II	122,4	
Rohes Rüböl	92,8	
Rizinusöl	84,5	
2. Compoundöle		
Amerik. Maschinenöl II + 10 % Rohes Rüböl	157,9	
,, ,, ,, + 10 % Rizinusöl	154,4	Abb. 18.
,, ,, ,, + 10 % Olivenöl	152,8	
,, ,, ,, + 10 % Knochenöl	152,5	
,, ,, ,, + 0,5 % Ölsäure	158,8	
,, ,, ,, + 1,0 % Ölsäure	155,6	
,, ,, ,, + 2,0 % Ölsäure	153,9	
,, ,, ,, + 0,5 % Rizinolsäure. . . .	157,6	
,, ,, ,, + 1,0 % Rizinolsäure. . . .	155,0	Abb. 19÷21
,, ,, ,, + 2,0 % Rizinolsäure. . . .	153,9	
,, ,, ,, + 0,5 % Stearinsäure. . . .	155,4	
,, ,, ,, + 1,0 % Stearinsäure	154,0	
,, ,, ,, + 2,0 % Stearinsäure	154,0	

Zahlentafel X.

Reibungswerte für Compoundöle (verschiedene Zusätze von Stearinsäure) bei einem Anpreßdruck $P = 3500$ g.

Schmiermittel	R_0
Amerikanisches Maschinenöl III	160,4
Amerik. Maschinenöl III + 0,2 % Stearinsäure . . .	157,6
,, ,, ,, + 0,4 % Stearinsäure . . .	155,0
,, ,, ,, + 0,6 % Stearinsäure . . .	150,0
,, ,, ,, + 0,8 % Stearinsäure . . .	148,9
,, ,, ,, + 1,0 % Stearinsäure . . .	148,0
,, ,, ,, + 1,5 % Stearinsäure . . .	148,0
,, ,, ,, + 2,0 % Stearinsäure . . .	148,0

Zahlentafel XI.

Muster eines Versuchsprotokolles.

Schmiermittel: Amerikanisches Maschinenöl II
Werkstoff beider Rollen: Gehärteter Stahl
Eingestellte Temperatur: 41,5° C

$$n_1 = 50 \text{ U/min}$$
$$n_2 = 300 \text{ U/min}$$

P	R_1		R_2		R_3		R_m	R_0
	l.	r.	l.	r.	l.	r.		
200	12,0	13,5	12,0	13,0	12,0	14,0	12,8	**13,0**
400	14,0	15,0	13,0	15,0	14,0	15,0	14,3	**14,5**
600	15,5	16,0	14,5	16,0	14,5	16,5	15,5	**15,7**
800	18,0	24,5	20,5	23,0	20,0	24,0	21,7	**22,0**
1000	26,0	30,0	26,0	30,0	26,0	30,0	28,0	**28,4**
1200	32,0	40,0	33,0	39,0	36,0	39,0	36,5	**37,0**
1400	43,0	48,5	44,0	48,5	45,5	48,0	46,2	**46,8**
1600	52,5	59,0	54,0	59,5	56,0	59,0	56,7	**57,5**
1800	64,5	72,0	65,5	70,0	67,0	70,0	68,2	**69,2**
2000	77,0	80,0	76,0	80,0	78,0	80,5	78,6	**79,8**
2500	106,0	108,5	105,5	108,0	106,0	108,0	107,0	**108,4**
3000	134,5	136,5	134,5	136,5	134,0	137,5	135,1	**137,5**
3500	162,0	164,0	161,5	165,5	162,5	164,5	163,3	**165,8**

In dieser Tabelle bedeuten:

$P =$ Anpreßdruck, R_1, R_2 und R_3 die abgelesenen Reibungswerte, R_m das Mittel aus diesen Werten und R_0 die korrigierten Reibungswerte.

Untersuchungen an Überfällen.

Von Dipl.-Ing. **Ottmar Dillmann.**

A. Einfluß von Beruhigungseinbauten auf den Überfallbeiwert.

I. Allgemeines.

In der Praxis stehen zur Wassermessung mittels Überfall nicht immer, wie in Versuchsanstalten, genügend lange Meßgerinne zur Verfügung. In solchen Fällen pflegt man besondere Vorrichtungen, z. B. Rechen oder Siebe, in das Gerinne einzubauen, um einen ruhigen und gleichmäßigen Zulauf zum Meßwehr zu erhalten, wie er bei den bekannten Formeln für den Überfallbeiwert vorausgesetzt ist. Bei richtiger Bemessung dieser Vorrichtungen gelingt es tatsächlich die zeitliche und örtliche Ungleichmäßigkeit des Zustroms zu zerstören. Man erreicht dadurch, daß die Anzeige des Meßwehres von der Art, wie das Wasser dem Meßgerinne zuströmt, unabhängig wird und nur von der sekundlichen Wassermenge abhängt; im allgemeinen erreicht man dabei aber noch nicht, daß die bekannten Formeln für den Überfallbeiwert anwendbar werden, denn die Beruhigungseinbauten prägen ihrerseits der Strömung gewisse Eigentümlichkeiten auf: die Geschwindigkeits-

Abb. 1.

verteilung unmittelbar vor dem Meßwehr ist eine andere, als sie sich bei einem sehr langen Meßgerinne ohne Einbauten durch die „natürliche" Dämpfung der Einlaufstörungen einstellt. Die Aufklärung dieser Verhältnisse war der Zweck der vorliegenden Arbeit.

II. Versuchsanordnung. Ergebnisse.

Die Versuche wurden durchgeführt an dem seinerzeit von Hailer verwendeten Gerinne I[1] (Abb. 1) mit einer scharfkantigen Messingwehrtafel von $p = 30$ cm Höhe. Zur Messung der Überfallhöhe wurden die später beschriebenen verbesserten Einrichtungen benutzt.

---

[1] vgl. R. Hailer: „Fehlerquellen bei der Überfallmessung", Mitteilungen Heft III.

Am Beginn des engen Gerinneteiles bei Stelle *A* (Abb. 2), 1290 mm vor dem Wehr und 450 mm vor der Meßstelle, wurden nacheinander eingebaut: [1])

1. Ein lotrechter Holzrechen, bestehend aus 12 Stäben von quadratischem Querschnitt und 10 mm Kantenlänge; die Stäbe hatten eine Länge von 650 mm; sie waren auf Höhe der Wehrschneide durch eine 10 mm breite horizontal hinter den Stäben angeordnete Leiste gegenseitig abgesteift. Die Lichtweite zwischen den Stäben betrug 2 mm, der Abstand der beiden äußersten Stäbe von der Wand 4 mm. Die Distanzleiste am Gerinneboden war 10 mm hoch.

2. Eine Grundschwelle von 100 mm Höhe (= $p/3$), die aus einem lotrechten, oben halbkreisförmig abgerundeten, 20 mm starken Brett bestand.

3. Eine lotrechte, unten halbkreisförmig abgerundete, 20 mm starke Tauchwand, die bis auf Höhe der Wehrschneide herabreichte. Abb. 2 Nr. 3.

4. Ein gelochtes Blech von 0,5 mm Stärke, das durch einen 10 mm breiten Rahmen eingefaßt war. Lochdurchmesser = 1,5 mm. Anordnung nach Abb. 2 Nr. 4.

5. Ein Holzstabwald, der aus 2 Abteilungen von abnehmendem Verbauungsverhältnis bestand; die 175 lotrechten Stäbe waren in 14 Reihen nebeneinander angeordnet. Von den 25 Querreihen hatten die Stäbe der 13 ersten Reihen 10 mm Dmr., die der 12 folgenden Reihen dagegen 8 mm Dmr. Die Länge der Stäbe betrug 600 mm. Die Stäbe waren nur in einer 8 mm starken Grund- und Deckplatte gefaßt. Anordnung nach Abb. 2 Nr. 5 (Grundriß).

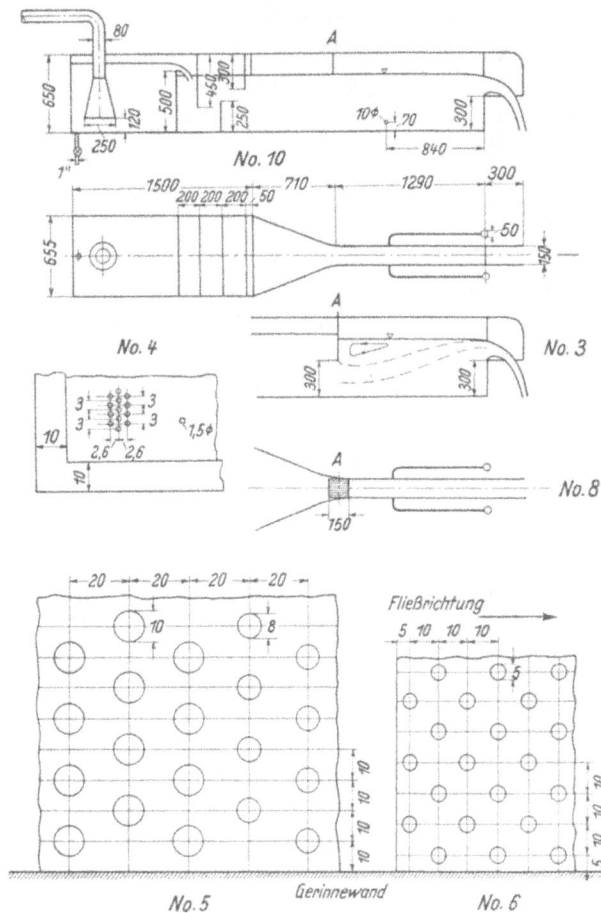

Abb. 2. Skizze der Beruhigungs-Einbauten.

6. Ein Messingstabwald, bestehend aus 180 lotrecht gestellten auf 15 Reihen verteilten Röhrchen von 600 mm Länge, 5 mm Außen-Dmr., 0,5 mm Wandstärke. Die Röhrchen waren zunächst nur in einer Deck- und einer Grundplatte von 5 mm Stärke gefaßt; Anordnung nach Abb. 2 Nr. 6 (Grundriß).

7. Der Messingstabwald Nr. 6, durch Einsetzen von 3 Zwischenböden aus 1,5 mm starkem Messingblech versteift, so daß die freie Länge der Rohre nunmehr nur noch 150 mm betrug.

8. Ein Rohrpaket aus 150 mm langen, horizontal liegenden, möglichst dicht übereinander geschichteten Messingrohren von 9 mm lichtem und 10 mm Außen-Durchmesser.

[1]) Der Holz- und der Messingstabwald (Nr. 5 und 6) sowie das Rohrpaket (Nr. 8) waren so eingebaut, daß ihre Mittellinie sich an der Stelle *A* befand, sie also noch zur Hälfte in den düsenförmigen Gerinneteil hineinragten. Anordnung nach Abb. 2 Nr. 8 (Grundriß).

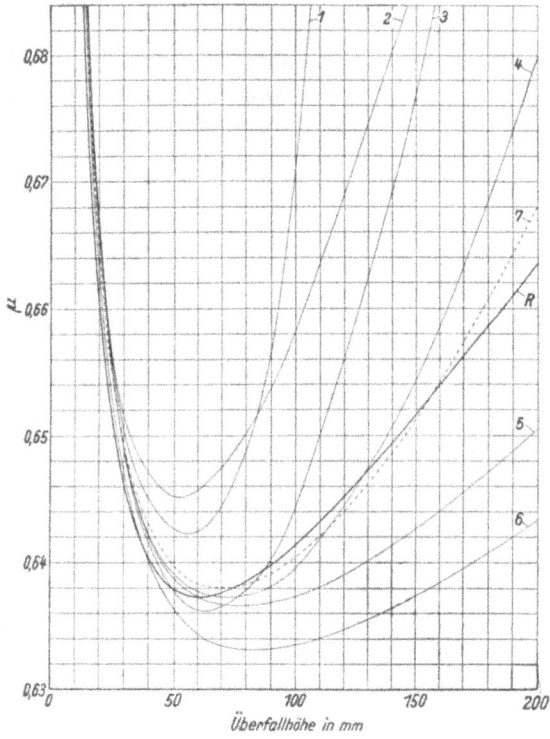

Abb. 3.

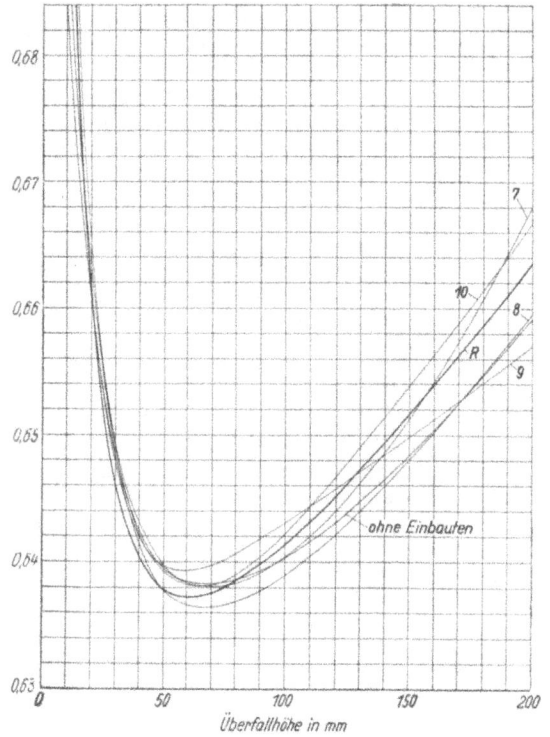

Abb. 5.

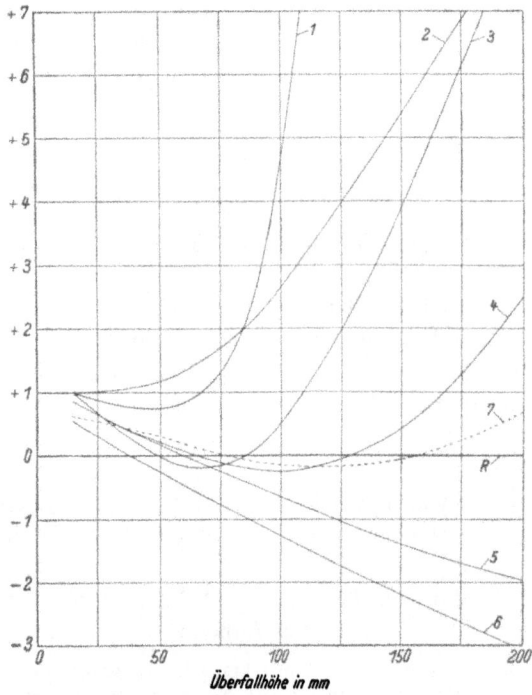

Abb. 4.

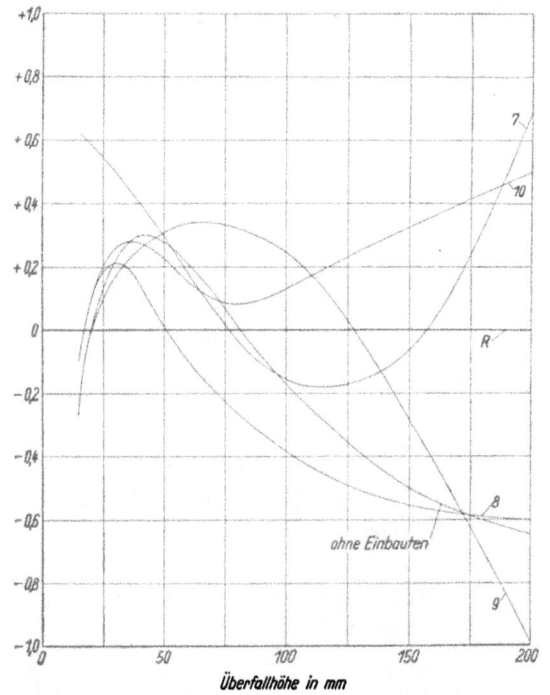

Abb. 6.

9. Das Rohrpaket Nr. 8 in Verbindung mit einem, im breiten Teil des Gerinnes einge-
setzten, bis zur Sohle hinabreichenden 500 mm hohen scharfkantigen Überlaufbrett,
das eine gut bestimmte Unruhe der Zuströmung erzeugen sollte.

10. Zwei Tauchwände und eine Schwelle im breiten Gerinneteil, in Verbindung mit dem
gleichen Überlaufbrett wie bei Nr. 9, jedoch ohne das Rohrpaket (Abb. 2 Nr. 10).

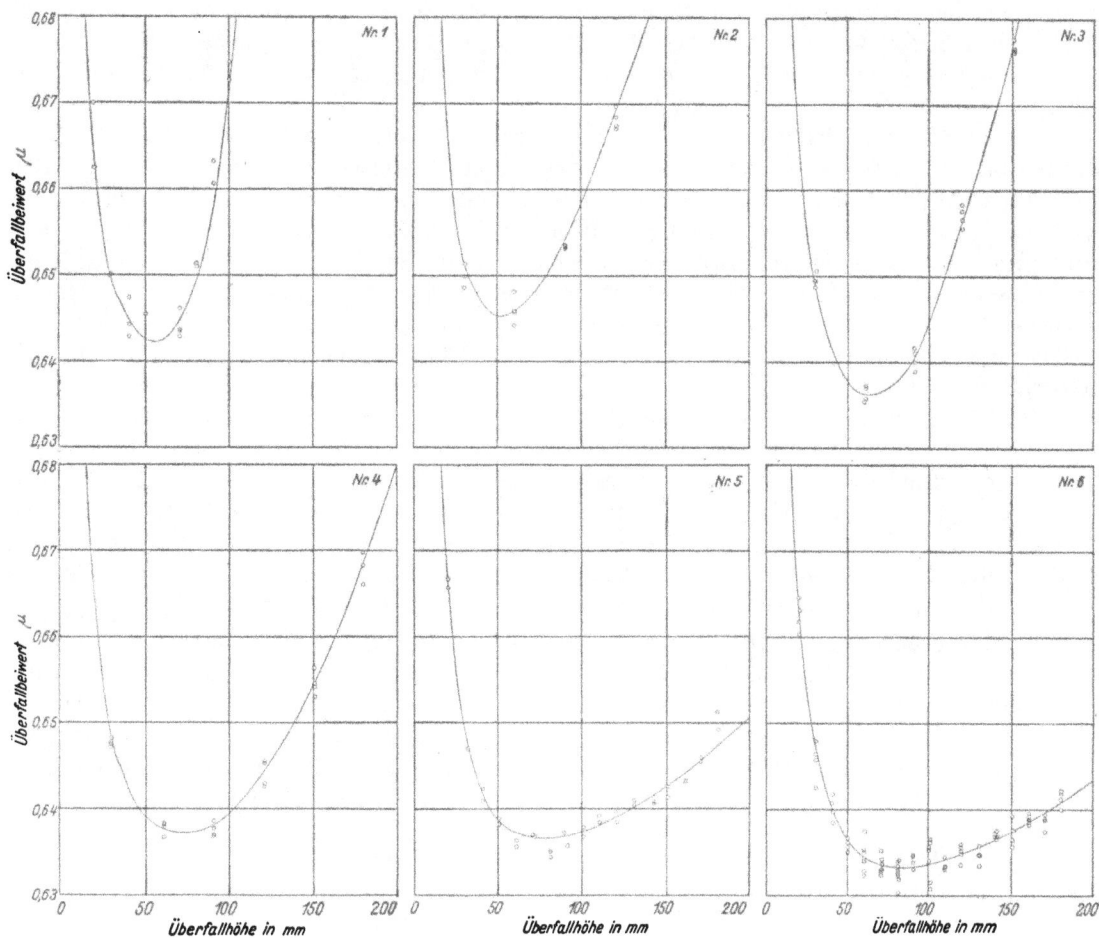

Abb. 7.

Die Ergebnisse der Versuche sind in den Abb. 3 bis 8 dargestellt. Als Vergleichsbasis für die
erhaltenen Eichkurven wurde die Abflußformel von Rehbock (1929) für scharfkantige Wehre
gewählt:

$$Q = \left(1{,}782 + 0{,}24 \cdot \frac{h_e}{p}\right) \cdot l \cdot h_e^{3/2},$$

worin $h_e = h_0 + 0{,}0011$ m und die Überfallhöhe h_0, die Wehrhöhe p und die Wehrlänge l in m ein-
zusetzen sind. Die durch die Gleichung $Q = \frac{2}{3} \cdot \mu \cdot l \cdot h_0^{3/2} \cdot \sqrt{2\,g}$ definierten Überfallbeiwerte ergeben sich daraus zu:

$$\mu = \left(0{,}6035 + 0{,}0813 \cdot \frac{h_0}{p} + \frac{0{,}00009}{p}\right) \cdot \left(1 + \frac{0{,}0011}{h_0}\right)^{3/2},$$

sie wurden als Kurve R in die Abb. 3 bis 6 eingezeichnet.

Bei den Beruhigungseinbauten Nr. 1 bis 6 weicht der Überfallbeiwert bedeutend von den mittels der gebräuchlichen Abflußformeln (Rehbock) errechneten normalen Werten nach oben oder unten ab, je nachdem die Oberflächenströmung durch die Beruhigungsvorrichtungen verstärkt oder abgeschwächt wird. Diese Einbauten sind also für genaue Messungen nicht geeignet, es sei denn daß der Überfall eigens geeicht werden kann.

Bei den Beruhigungseinbauten Nr. 7 bis 10 liegen zwischen $h = 30$ mm und $h = 150$ mm ($= p/2$) fast alle Versuchspunkte innerhalb eines Streubereiches von $\pm 0,5\%$ der von Rehbock angegebenen Kurve, wobei noch zu berücksichtigen ist, daß der wahrscheinliche Fehler als Folge der Genauigkeitsgrenzen der Messungen $\pm 0,1\%$ beträgt. Im einzelnen wurde das Folgende festgestellt:

Die größten ermittelten Überfallbeiwerte lieferte der Holzrechen (Nr. 1). μ stieg für $h = 130$ mm bis auf 0,730 (Abweichung $= + 12,8\%$). Der Spiegelunterschied am Rechen betrug hierbei etwa 200 mm. Die dabei auftretenden Erscheinungen, welche die Steigerung des Überfallbeiwertes erklären, sind bekannt[1]): das Wasser tritt mit großer Geschwindigkeit zwischen den Stäben hindurch; für den aus dem Unterwasser herausragenden Teil des Rechens vereinigen sich die Strahlen zu einer sehr rasch fließenden Oberschicht, während sie im eingetauchten Teil von dem hinter den Rechenstäben befindlichen Totwasser stark abgebremst werden. Die Geschwindigkeit der Oberschicht ist deswegen größer als die der Unterschicht. Dadurch erklären sich die hohen Überfallbeiwerte.

Die Verwendung der Grundschwelle (Nr. 2) ergab für $h = 180$ mm ein μ von 0,706 (Abweichung $= + 7,15\%$).

Überraschenderweise ergab sich bei eingebauter Tauchwand (Nr. 3) keine Verminderung, sondern ebenfalls eine Vergrößerung des Überfallbeiwertes um $+ 6,6\%$ ($\mu = 0,702$ für $h = 180$ mm). Hier spielt wohl die ziemlich große Entfernung der Tauchwand vom Wehr eine wesentliche Rolle, da dem unter der Tauchwand hervorschießenden Strahl genügend Weg zur Verfügung steht, um noch vor dem Wehr an die Oberfläche der Strömung zu gelangen (s. Abb. 2 Nr. 3).

Bei dem gelochten Blech (Nr. 4) wurde für $h = 180$ mm eine geringere Steigerung des Überfallbeiwertes ermittelt; $\mu = 0,668$ (Abweichung $= + 1,5\%$). Daß trotz des großen Spiegelunterschiedes von 100 mm die Abweichung so gering blieb, ist wohl dem Umstande zuzuschreiben, daß der Durchmesser der Löcher sehr klein war (1,5 mm). Das Wasser schießt infolge der Bremsung durch die Reibung nicht sehr schnell aus den Löchern heraus und die beim Holzrechen auftretende schnell fließende Oberschicht ist hier nicht so stark ausgeprägt. Der Anwendung von Sieben mit so kleinen Löchern steht jedoch die Verstopfungsgefahr entgegen.

Um die Unregelmäßigkeiten der Zuströmung abzubremsen, muß man eine nicht zu kleine Fallhöhe durch Drosselung vernichten; dabei kann man die Bildung einer schnellen Oberschicht vermeiden, wenn man die Drosselung auf eine längere Strecke verteilt. Auf dieser Erwägung beruhen die sogenannten Stabwälder. Bei dem Holzstabwald (Nr. 5) und dem Messingstabwald (Nr. 6) ergab sich jedoch überraschenderweise eine Erniedrigung des Überfallbeiwertes. Die Abweichung beträgt für $h = 180$ mm beim Holzstabwald $- 1,75\%$ ($\mu = 0,647$), beim Messingstabwald sogar $- 2,7\%$ ($\mu = 0,641$). Daß sie tatsächlich durch den Stabwald hervorgerufen wird geht daraus hervor, daß nach vorübergehendem Wegnehmen desselben der Wert μ sofort auf seinen normalen Betrag anstieg und umgekehrt, nach Einsetzen des Stabwaldes wieder sank. Es ist bekannt, daß eine ungleichförmige Geschwindigkeitsverteilung in dem Sinne, daß die Geschwindigkeiten oben größer sind als unten, zu einer Erhöhung, eine Ungleichmäßigkeit in dem entgegengesetzten Sinn zu einer Erniedrigung des Überfallbeiwertes führt. Da die im vorigen Absatz dargelegte Wirkung — Zusammenfließen der Oberflächenstrahlen — hier auch nicht ganz fehlt, wenn sie auch wegen des sehr geringen Druckhöhenverlustes je Stabreihe (es waren bei Nr. 5 25, bei Nr. 6 24 Querreihen) sehr klein ist und da sich diese Wirkung jedenfalls nicht in ihr Gegenteil umkehren kann, war das Versuchsergebnis zunächst überraschend. Die Erklärung dafür wurde

---

[1]) s. D. Thoma: Die Versuchsanstalt für Wasserturbinen in Gotha. (S. 7.)

durch die Beobachtung gefunden, daß die Stäbe der Stabwälder bei größeren Überfallhöhen durch das Wasser in Eigenschwingungen versetzt werden; der Schwingungsbauch dieser Biegungsschwingungen liegt etwa in Stabmitte und damit etwa in Höhe der Wehrschneide; die zur Aufrechterhaltung der Schwingung erforderliche Energie wurde deswegen vorwiegend den oberen Schichten entzogen (an der Sohle ist der Schwingungsausschlag Null, der Stab entzieht dem Wasser dort keine Schwingungsenergie). Durch die Abbremsung der oberen Schichten und die entsprechende Verstärkung der Bodenströmung wird die Strahlerhebung an der Wehrschneide vergrößert. Die hierdurch hervorgerufene Verkleinerung der Überfallbeiwerte ist beim Holzstabwald deshalb etwas geringer, weil seine Stäbe stärker sind und nicht so sehr schwingen wie die des Messingstabwaldes.

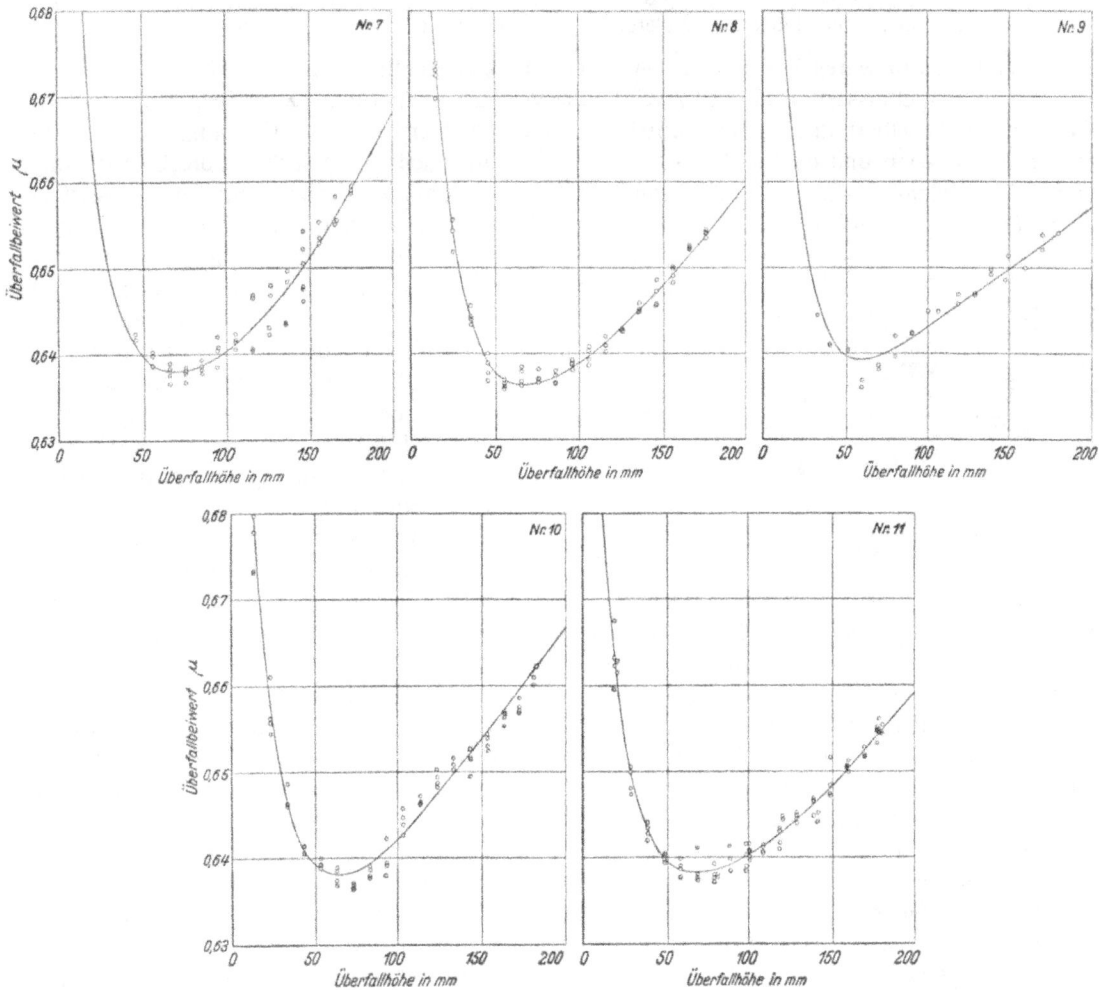

Abb. 8.

Um die Schwingungen zu unterbinden wurden beim Messingstabwald drei horizontale Zwischenböden eingesetzt (Nr. 7), die dem Wasser kaum einen Widerstand boten. Die nunmehr erhaltenen Versuchspunkte gruppieren sich um die nach Formel Rehbock 1929 berechnete Kurve für μ. Das gleiche gilt für die mit Rohrpaket Nr. 8 gefundene Eichkurve.

Ebenfalls sehr gering sind die Abweichungen bei den Versuchen mit dem Überlaufbrett, sowohl bei Beruhigung mit dem Rohrpaket (Nr. 9), als auch bei Beruhigung durch die 3 Wände ohne Rohrpaket (Nr. 10).

Zum Schluß wurde zum Vergleich noch die Eichkurve ohne Beruhigungseinbauten aufgenommen (Nr. 11). Zwischen dieser und der mit dem Rohrpaket Nr. 8 gefundenen kann kein wesentlicher Unterschied festgestellt werden.

Die Versuche führten zu dem Ergebnis, daß der Überfallbeiwert seinen normalen Wert annimmt, solange die Beruhigungseinbauten eine gleichmäßige Geschwindigkeitsverteilung des Wassers im Zulaufgerinne gewährleisten. Andernfalls können jedoch leicht Abweichungen von mehreren Hundertteilen auftreten (in extremen Fällen sogar Abweichungen von mehr als 10%), was immerhin zur Vorsicht in der Wahl der Beruhigungseinbauten zwingt[1].

III. Wiederholung der Hailer'schen Versuche
mit dem von Hailer verwendeten Gerinne II mit den Spiegelglaswänden.

In der Literatur waren Zweifel laut geworden über die Richtigkeit der von Hailer veröffentlichten Versuchsergebnisse[2]. Da diesen Zweifeln die Vermutung zugrunde lag, daß die beobachteten Schwankungen des Überfallbeiwertes hauptsächlich durch Fehler bei der Bestimmung der Überfallhöhe verursacht seien und da für die erreichbare Meßgenauigkeit hauptsächlich die Bestimmung der Überfallhöhe maßgebend ist, wurde besonderes Augenmerk auf die Verbesserung der zur Messung der Überfallhöhe dienenden Einrichtungen gelegt. Durch Verwendung neuer Taster mit Grob- und Feineinstellung wurde die Ablesegenauigkeit von $^{1}/_{10}$ mm auf $^{1}/_{50}$ mm erhöht. Die Haken der Taster trugen dünne, flach gewölbte Schneiden, die ein leichtes und genaues Antasten ermöglichten. Gleichzeitig wurde ein anderes Verfahren für die Bestimmung der Nullage in Anwendung gebracht. Die Höhenlage des Wehres wurde mit Hilfe einer Wasserwaage bestimmt, an welche mittels

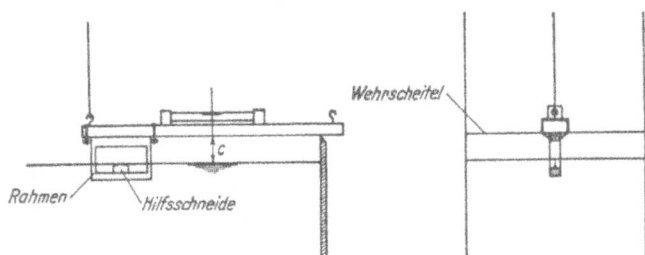

Abb. 9.

Gummibändern eine Hilfsschneide angehängt war (Abb. 9). Der Rahmen, in welchem letztere sitzt, ist derart ausgebildet, daß kein Fehler durch Kapillarwirkungen hereingebracht wird. Der Abstand c der Hilfsschneide von der oberen Endfläche des Rahmens wurde mit einer Schublehre genau gemessen. Die Bestimmung der Nullpunkte der beiden Meßpegel geschah in der Weise, daß beim Einspielen der Libelle der Wasserspiegel im Gerinne so lange langsam gesenkt wurde, bis er die Hilfsschneide berührte, also genau um den Abstand c unterhalb der Wehrkrone lag; dann wurden die Meßpegel eingestellt und abgelesen. Diese Bestimmung wurde für drei verschiedene Stellen der Wehrkrone (Mitte und beide Seiten) vorgenommen. Um etwaige Fehler der Wasserwaage unschädlich zu machen, wurde sie bei der Messung umgesetzt. Die über das Wehr abstreichende sekundliche Wassermenge wurde wie bei Hailer durch Wägung bestimmt. Die Beruhigung des dem Wehr zufließenden Wassers erfolgte durch das oben bereits beschriebene Rohrpaket (Beruhigungseinbau Nr. 8, S. 27), das am Anfang des 150 mm breiten und 2150 mm langen Zulaufteiles in das Gerinne eingelegt ist. Der Wehrkörper bestand aus einer scharfkantigen ebenen Messingplatte von 300 mm Höhe.

Für die erreichte Genauigkeit der Versuchsergebnisse gilt nun das Folgende:

Der wahrscheinliche Ablesefehler der Meßpegel beträgt $\pm$ 1 Teilstrich, d. s. $\pm$ 0,02 mm; der wahrscheinliche Fehler beim Antasten kann ebenfalls zu $\pm$ 0,02 mm angenommen werden.

---

[1] s. Dietrich: Wassermessungen mit Überfall in der Zentrale „Handeck" der Kraftwerke Oberhasli. „Schweizer Bauzeitung" 1932, Bd. 99, Heft 1 und 2.

[2] vgl. Th. Rehbock: „Wassermessung mit scharfkantigen Überfallwehren." Z. d. V. D. I. 1929 (Bd. 73), S. 817. „Die Stetigkeit des Abflusses bei scharfkantigen Wehren." Z. „Der Bauingenieur", 11. Jahrg., 1930, Heft 48.

Bei der Messung der Höhenlage der Wehrkrone können diese beiden Fehler nochmals auftreten. Es ergibt sich somit ein wahrscheinlicher Fehler von $\pm \sqrt{4 \cdot 0{,}02^2} = \pm 0{,}04$ mm bei der Bestimmung der Überfallhöhe. Die Taster sind an einer seitlichen Verlängerung der Wehrtafel befestigt, sodaß die kleinen elastischen Formänderungen, die das Gerinne bei Veränderungen der Wasserfüllung erleidet, keine Nullpunktsänderung ergeben können. Zu beiden Seiten des Gerinnes, in gleicher Entfernung von dessen Achse ist je ein Taster angebracht, um Ablesefehler bei einer etwaigen seitlichen Neigung des Gerinnes auszuschalten. Da die Taster in der Ebene des Wehres angebracht sind, ergibt sich auch bei Längsneigung des Gerinnes kein Nullpunktsfehler.

Als Fehlerquelle bei der Bestimmung von h kommt weiter die Temperaturerhöhung des Wassers in den Standgläsern durch die Ableselämpchen in Betracht. Dieser Fehler beträgt bei Annahme eines Temperaturanstieges von 15° auf 25° C auf eine Höhe von 50 mm in den Gläsern, 0,1 mm. Er wurde vermieden durch Entwässern der Standgläser nach jeder Neueinstellung der Überfallhöhe. Dadurch wurden auch Störungen durch Luftblasen in den Anschlußleitungen ausgeschaltet. Es wäre schließlich grundsätzlich auch noch möglich, daß durch Schräganströmen des in der Nähe des Bodens in das Gerinne eingebauten Druckentnahmerohres ein Fehler entstünde. Die Beobachtung der Strömung durch die Glasscheiben hindurch zeigte jedoch, daß die Strömung parallel zum Druckentnahmerohr ist.

An zweiter Stelle ist von Wichtigkeit eine möglichst genaue Bestimmung der Einlaufzeit in den Behälter der Waage. Der Bandchronograph gestattet unschwer eine Auswertung auf $^1/_{20}$ s. Die Empfindlichkeit der Waage betrug ± 100 g, der Fehler der Gewichtsbestimmung einschließlich Taraänderungen höchstens ± 300 g.

Es ergibt sich bei einer Versuchsdauer von 165 s[1]) für den Überfallbeiwert μ ein wahrscheinlicher Fehler von:

$$\Delta = \sqrt{(1{,}5 \cdot \Delta h)^2 + (\Delta G)^2 + \Delta t)^2}.$$

$= \pm 1{,}92\%$ für $h = 5$ mm; $\quad G = 20$ kg; $\quad t = 165$ s;
$\quad (\Delta h = 0{,}80\%) \quad (\Delta G = 1{,}50\%) \quad (\Delta t = 0{,}03\%)$

$= \pm 0{,}14\%$ für $h = 50$ mm; $\quad G = 500$ kg; $\quad t = 165$ s;
$\quad (\Delta h = 0{,}08\%) \quad (\Delta G = 0{,}06\%) \quad (\Delta t = 0{,}03\%)$

$= \pm 0{,}07\%$ für $h = 100$ mm; $\quad G = 1500$ kg; $\quad t = 165$ s;
$\quad (\Delta h = 0{,}04\%) \quad (\Delta G = 0{,}02\%) \quad (\Delta t = 0{,}03\%)$

$= \pm 0{,}05\%$ für $h = 150$ mm; $\quad G = 2500$ kg; $\quad t = 165$ s;
$\quad (\Delta h = 0{,}03\%) \quad (\Delta G = 0{,}01\%) \quad (\Delta t = 0{,}03\%)$

$= \pm 0{,}07\%$ für $h = 200$ mm; $\quad G = 2500$ kg; $\quad t = 80$ s;
$\quad (\Delta h = 0{,}02\%) \quad (\Delta G = 0{,}01\%) \quad (\Delta t = 0{,}06\%)$

$= \pm 0{,}11\%$ für $h = 250$ mm; $\quad G = 2500$ kg; $\quad t = 50$ s;
$\quad (\Delta h = 0{,}02\%) \quad (\Delta G = 0{,}01\%) \quad (\Delta t = 0{,}10\%).$

Den geringsten wahrscheinlichen Fehler, hervorgerufen durch die Genauigkeitsgrenzen der Messung, erhält man bei $h = 150$ mm ($= p/2$) zu 0,05%. Doch ist zu beachten, daß bei Überfallhöhen $h > 100$ mm die Spiegelschwankung des Oberwassers und damit auch die in den Standgläsern die Ablesegenauigkeit der Taster weit überschreitet; es hätte keinen Sinn letztere noch zu erhöhen, zumal auch die Genauigkeit des Antastens hier eine begrenzte wird. Die Bestimmung der Überfallhöhe erfolgte in diesem Falle als Mittelwert aus den höchsten und den tiefsten Wasserständen während der Versuchsdauer; dieser Mittelwert stimmt aber nicht genau mit der tatsächlichen mittleren Überfallhöhe überein, da die Schwankungen nicht völlig symmetrisch sind. Daher erklärt sich auch die etwas größere Streuung der Versuchspunkte von durchschnittlich $\pm 0{,}25\%$.

Durch die Störungsversuche sollte festgestellt werden, ob die von Hailer beobachteten Änderungen des Überfallbeiwertes wieder auftreten, d. h. ob die Strömung über das Wehr labil ist.

---

[1]) Es wurde bei den kleinen Überfallhöhen nicht länger gemessen, da sonst ein weiterer Fehler durch etwaige Veränderung der Überfallhöhe hereingebracht worden wäre.

Um nach Störung durch Änderung der Wassermenge wieder genau auf die alte Abflußmenge zurück-
zukommen, waren in der Zulaufleitung zwei Schieber parallel geschaltet; mit dem einen wurde die
gewünschte Wassermenge eingestellt, während der andere geschlossen war. Die Störung wurde
durch Öffnen des zweiten Schiebers bewirkt. Nach dem Wiederschließen dieses Schiebers hatte
man genau die früheren Verhältnisse. Sollte dagegen die Wassermenge vorübergehend er-
niedrigt werden, so konnte dies geschehen durch entsprechendes Schließen und Wiederöffnen des
Hauptabsperrschiebers der Zulaufleitung. Es wurden auch Störungen untersucht; die bei gleich-
bleibendem Zulauf, durch Umrühren mit einem Stab in dem Raum vor dem Wehr erzeugt waren.

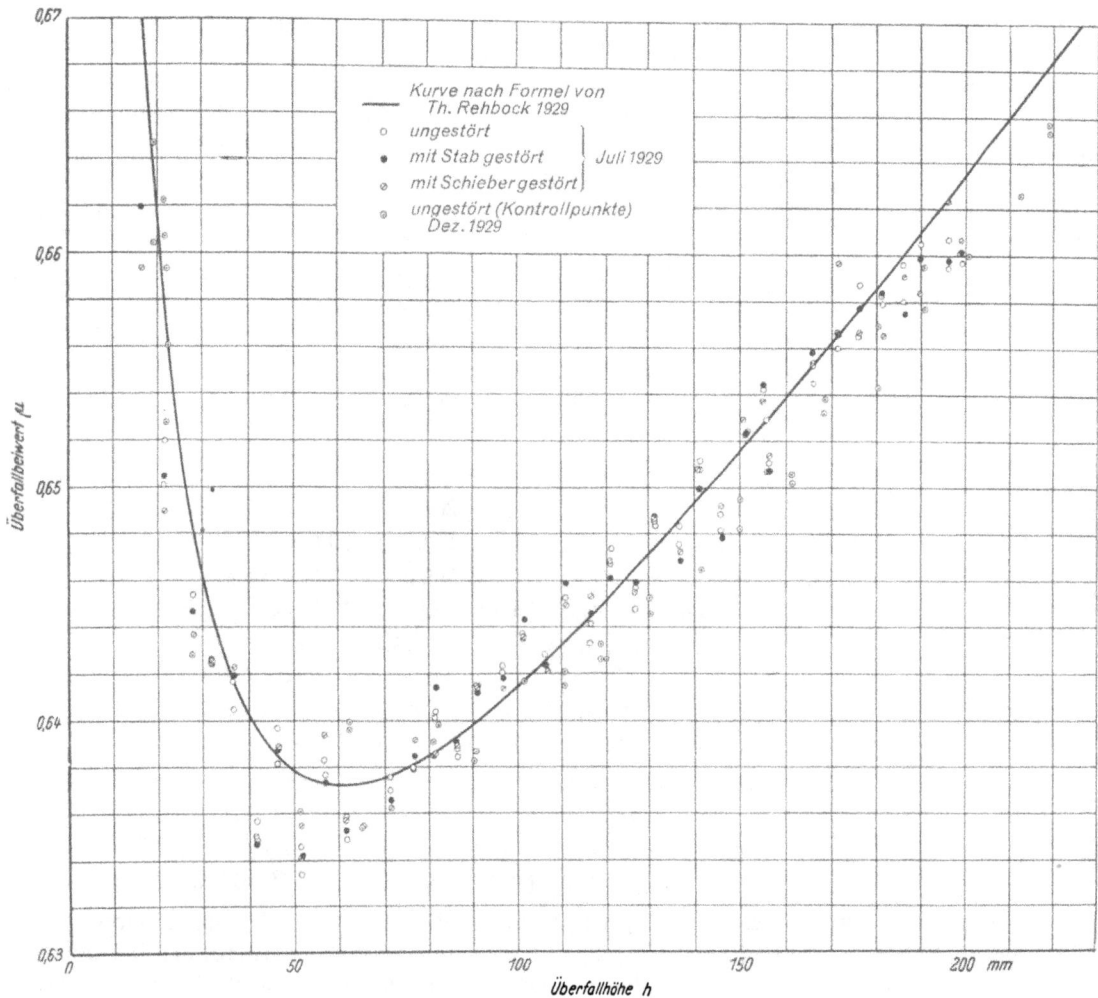

Abb. 10.

Wie Abb. 10 zeigt, gelang es bei den Versuchen nicht, das Umschlagen des Strömungszustandes
zu erzeugen. Daß die von Hailer angegebenen Änderungen der Überfallbeiwerte durch Meßfehler,
insbesondere unrichtige Nullpunktsbestimmung, vorgetäuscht wurden, ist wenig wahrscheinlich,
da die Änderungen teilweise sehr auffällig waren und teilweise auf Messungen am gleichen Versuchs-
tage und dieselbe Nullpunktsbestimmung gründen. Die Ursachen für das geänderte Verhalten
können gegenwärtig nicht angegeben werden, sodaß hier eben nur über die beobachteten Tatsachen
berichtet werden kann. Es ist möglich, daß bei den Hailer'schen Versuchen andere, unbeobachtet
gebliebene Störungen wirksam gewesen sind. Diese Deutung wird durch die starke Empfindlichkeit

der Überfallbeiwerte gegen Änderungen der Zuströmung, wie sie aus den unter II. beschriebenen Versuchen hervorgeht, sogar besonders nahegelegt.

B. Der Überfallbeiwert bei gerundeter Wehrkrone.

I. Problemstellung.

Bei Wehren, die nicht Meßzwecken dienen, ist es erwünscht die Form des Wehres, insbesondere im Bereiche der Krone, so zu wählen, daß der Überfallbeiwert möglichst groß wird. Durch die Erhöhung des Überfallbeiwertes spart man bei Wehren in Flüssen wegen der möglichen Verringerung der Länge an Baukosten, bei Überfällen an Freiläufen von Wasserkraftanlagen entweder aus dem gleichen Grunde oder wegen Erniedrigung der Kanaldämme, die für geringeren Überstau bemessen werden können.

Daß es Wehrformen geben muß, bei denen die Überfallbeiwerte größer sind als bei einer lotrechten Stauwand mit scharfer Überfallkante, geht aus der folgenden einfachen Überlegung hervor: Die lotrechte Stauwand erzeugt einen Abflußstrahl nach der Skizze (x) der Abb. 11; der Scheitel der Strahlunterseite liegt höher als die Überfallkante. Füllt man nun den vordem mit Luft erfüllten Raum unter dem Strahl durch eine Wehrkrone aus (Skizze (y)), so ändert man, wenn die unbeträchtliche Reibung vernachlässigt wird, an dem Strömungsvorgang nichts; es fließt also dieselbe Wassermenge ab. Die Überfallhöhe vermindert sich aber um den Betrag ε_0, da der Scheitel der Wehrkrone, von dem aus die Überfallhöhe gerechnet wird, jetzt höher liegt. Es geht deshalb der Überfallbeiwert μ herauf. Praktisch äußert sich dies darin, daß die ganze Stauwand nunmehr tiefer gesetzt werden kann: wenn in beiden Fällen das Überlaufen beim gleichen Wasserstande beginnen soll, muß bei der Form (y) die Wehrkrone K auf dieselbe Höhe gelegt werden, wie bei Form (x) die Oberkante S der Stauwand. Zur Abführung derselben Wassermenge ist dann bei Form (y) nur noch der Überstau ($h_0 - \varepsilon_0$) erforderlich, während bei Form (x) der um das Maß ε_0 größere Überstau h_0 notwendig ist.

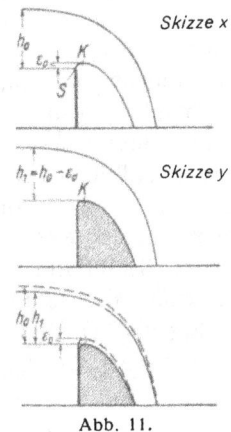

Skizze x

Skizze y

Abb. 11.

Aus der Art, wie die Form der Wehrkrone bei Skizze (y) bestimmt wurde, folgt, daß bei der Wassermenge, die der Bestimmung zugrunde gelegt war, an der Unterseite des Strahles der Überdruck Null besteht[1]. Es war zu vermuten, daß durch stärkere Krümmung der Krone ein Unterdruck auf der Unterseite des Abflußstrahles erzeugt werden kann, der zu einer weiteren Erhöhung des Überfallbeiwertes führt. Solange der Unterdruck ein zulässiges Maß nicht überschreitet, würde eine solche Wehrform weitere praktische Vorteile bringen. Diese Zusammenhänge zu klären und geeignete Wehrformen zu ermitteln war das Ziel der vorliegenden Arbeit.

II. Übersicht über das Bekannte[2].

Der Abflußstrahl kann verschiedene Formen annehmen (Abb. 12), denen verschiedene Überfallbeiwerte entsprechen. Hinsichtlich des Überfallbeiwertes gilt das Folgende:

Bei gegebener Überfallhöhe wird der Überfallbeiwert um so größer,

    a) je kleiner die Strahlerhebung δ ist. δ ist dabei als der Höhenunterschied zwischen dem Scheitel der Wehrkrone und der höchsten Stelle der Strahlunterseite definiert, wobei

---

[1] G. de Marchi: „Ricerche Sperimentali Sulle Dighe Tracimanti" (Annali Dei Lavori Pubblici, Roma 1928, S. 581).

[2] H. Bazin: „Expériences Nouvelles Sur L'Écoulement En Déversoir" (Dunot, Paris 1898).

Th. Rehbock: „Die Ausbildung der Überfälle beim Abfluß über Wehre" (Festschrift 1909). — Abschnitt über Wehre im „Handbuch der Ingenieurwissenschaften" III/2/1.

Chr. Keutner: „Herleitung eines neuen Berechnungsverfahrens für den Abfluß an Wehren aus der Geschwindigkeitsverteilung des Wassers über der Wehrkrone." („Bautechnik" 1929, S. 575.) — „Abfluß-

etwaige Totwassersäume nicht als zum Strahl gehörig betrachtet werden. δ hängt hauptsächlich von der Form der Krone, aber auch von der Zulaufgeschwindigkeit ab;

b) je kleiner der Druck unter dem Strahl ist. Dieser Druck hängt von der Form der Krone und den Bedingungen ab, unter denen sich der Abfluß auf der Unterwasserseite des Wehres vollzieht.

Die größten Überfallbeiwerte kommen demgemäß den Abflußstrahlen zu, welche an Wehrkrone und Wehrrücken vollkommen anliegen ($\delta = 0$) ohne einen luft- oder wassergefüllten Totraum

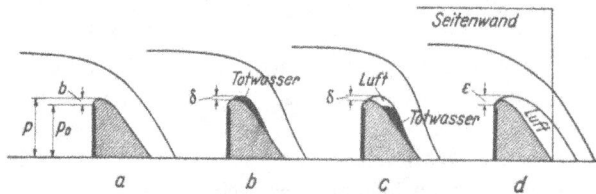 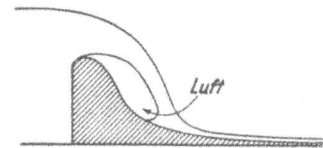

Abb. 12.   Abb. 13.

unter sich einzuschließen (Strahlform a, Abb. 12). Der Krümmungsradius der Wehrkrone sollte dabei nicht groß sein, sonst entsteht ein Überdruck an der Strahlunterseite, der den Überfallbeiwert vermindert. Durch Verkleinerung dieses Krümmungsradius kann man an der Strahlunterseite sogar Unterdrücke erreichen; durch die entsprechende Erhöhung der Geschwindigkeiten in den unteren Teilen des Strahles steigt dann der Überfallbeiwert. Der Krümmungsradius darf aber auch im Vergleich zur Überfallhöhe nicht zu klein sein, denn sonst löst sich der Abflußstrahl vom Wehr los und es bildet sich ein Totwasserraum zwischen Strahl und Wehrrücken. Dieser Übergang in die Strahlform b (Abb. 12) hat eine Verschlechterung des Überfallbeiwertes zur Folge, da der wirksame Durchflußquerschnitt abnimmt und außerdem durch die Vergrößerung des Krümmungsradius der Strahlunterseite der Druck steigt. Bei jedem Wehr kann durch Vergrößerung der Überfallhöhe der Übergang von Strahlform a zu Strahlform b erreicht werden.

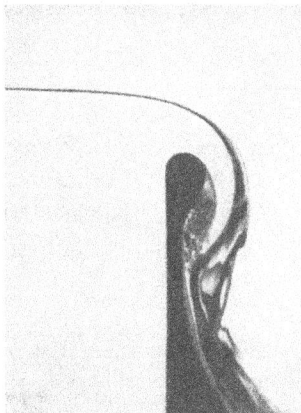

Abb. 14.

Bei Eintritt geringer Luftmengen in den Totraum, z. B. durch Undichtheiten der Seitenwände ergibt sich die Strahlform c (Abb. 12). Der Überfallbeiwert wird dabei noch kleiner (δ noch größer).

Wenn die Seitenwände nicht genügend weit über das Wehr hinaus vorgeführt sind, so tritt bei größerer Überfallhöhe Luft in den Raum unter dem Strahl ein und dieser löst sich dann vollständig ab (Strahlform d, Abb. 12), wobei der Überfallbeiwert plötzlich sehr stark sinkt. Dasselbe tritt ein, wenn der Wehrrücken an der Stelle, an welcher der Strahl bei den Strömungsformen b oder c auf ihn auftrifft, so flach geneigt ist, daß beim Wasseraufprall Luft unter den Strahl eintreten kann (Abb. 13), oder wenn der Strahl überhängt, sodaß die Luft durch die Strahloberfläche durchbrechen kann (Abb. 14, Beginn des Durchbrechens).

Bisher war angenommen, daß die oberwasserseitige Begrenzung des Wehrkörpers — die Stauwand — lotrecht ist. Eine Neigung der Stauwand nach der Unterwasserseite hin vergrößert den Überfallbeiwert. Der Überfallbeiwert wird ferner um so größer, je steiler der Wehrrücken ist. Die Wehrform 2 in Abb. 15 ergibt also einen größeren Überfallbeiwert als die Wehrform 1. Zu

untersuchungen und -berechnungen für Überfälle an scharfkantigen Wehren". (Berlin 1931, Wilh. Ernst & Sohn.) — „Entstehung und Wasserabführungsvermögen verschiedener Strahlformen an scharfkantigen Wehren". („Bautechnik" 1931, S. 714.)

W. Dernedde: „Der Überfall über ein bewegliches Wehr (Klappenwehr)." (Universitätsverlag von Robert Noske in Borna-Leipzig, Dissertation 1929.)

flach — etwa so wie in Abb. 15 bei *2* gestrichelt angedeutet ist — darf die Stauwand aber auch nicht gelegt werden, sonst geht der Überfallbeiwert infolge der Erhöhung der Strahlabsenkung *e* wieder hinab.

Bekannt ist ferner, daß der Strahl sich bisweilen in einem nur wenig stabilen Zustand befindet, sodaß kleine äußere Störungen den Übergang von der einen zur anderen Strahlform, insbesondere von Form *a* zu Form *b* der Abb. 12 und umgekehrt, auszulösen vermögen. Der Wechsel der Strahlform findet nicht bei einer unveränderlichen und eindeutig bestimmten Überfallhöhe statt; die gleiche Wassermenge kann bei verschiedenen Überfallhöhen abfließen. Genaueres über die für den

Abb. 15.

Wechsel der Strahlform maßgebenden Bedingungen und ihre Abhängigkeit von der Wehrform war jedoch nicht bekannt[1]). Das Ziel der vorliegenden Arbeit war deswegen nicht nur die Auffindung von Wehrformen mit besonders hohen Überfallbeiwerten, sondern auch die Feststellung der Grenzbedingungen für den Wechsel der Strahlform.

III. Meßeinrichtungen.

Bei Durchführung der Versuche wurde das für die Wiederholung der Hailer'schen Versuche (Abschnitt A/III) benützte Gerinne wieder verwendet, dessen lotrechte Seitenwände im Bereich des Wehres aus 1350 mm langen Spiegelglastafeln bestehen, welche zur seitlichen Führung des Strahles 200 mm über die Stauwand hinausreichen.

Die Überfallhöhen und Wassermengen wurden in derselben Weise gemessen wie bei den unter A beschriebenen Versuchen. Da zur Bestimmung der Grenzzustände die Überfallhöhen sehr genau eingestellt werden mußten, wurde als Feineinstellvorrichtung noch ein Ablaßhahn am Gerinne angebracht.

Bezüglich der Meßgenauigkeit und Meßfehler siehe Teil A S. 32/33.

IV. Versuchskörper für die Versuchsreihen I, II und III.

Die Untersuchungen beschränken sich auf Wehre von überall gleichem Querschnitt mit lotrechten Seitenbegrenzungen, ohne Seitenkontraktion und mit schießendem Abfluß, wobei also das Unterwasser keinen Einfluß auf die Strömung über das Wehr hatte. Die Wehrlänge *l* betrug in allen Fällen 15 cm, der obere Rand der Stauwand lag bei den Versuchsreihen I, II und III 30 cm über der Gerinnesohle ($p_0 = 30$ cm). Das Wehr stand immer senkrecht zur Gerinneachse. Die Gerinnesohle war horizontal (Abb. 16).

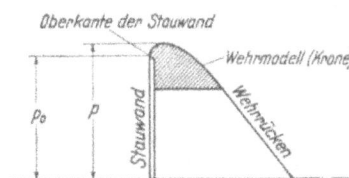

Abb. 16.

Die Wehrkronen wurden aus Hartholz gefertigt und an die 5 mm starke ebene Messingstauwand angeschraubt, welche selbst wieder austauschbar war. Die Oberfläche der Kronen war glatt geschliffen und zweimal lackiert. Gegen die Seitenwände des Gerinnes waren die Wehrkronen mit Glaserkitt gedichtet, der aus einer 2 mm starken Messingblechtafel bestehende Wehrrücken mit Leukoplast.

Für die Wahl der Form der Wehrkronen war bei den Versuchsreihen I, II und III die eingangs gegebene Erwägung maßgebend: die Wehrkronen wurden also der Unterseite eines freien vollbelüfteten Abflußstrahles bei scharfkantigem Wehr nachgebildet. Wegen des erwähnten Einflusses einer Neigung der Stauwand wurden Wehre mit lotrechter Stauwand (Versuchsreihe I), mit einer um 30°

---

[1]) Für ein Dachwehr mit abgerundeter Wehrkrone und den Übergang vom vollkommenen zum unvollkommenen Überfall hat Keutner (s. Anm. S. 35, „Bautechnik 1929", S. 578ff.) bereits derartige Überlegungen angestellt. — Auch Th. Rehbock hat bereits viele Wehre mit gerundeter Krone systematisch untersucht, u. a. Wehre mit elliptischer und Kreiszylinderkrone. Für letztere gelang ihm auch die Aufstellung einer Formel mit Berücksichtigung des Modellähnlichkeitsgesetzes. Näheres darüber im „Handbuch der Ingenieurwissenschaften" 1912, III/II/I, S. 53 bzw. in Weyrauch: „Hydraulisches Rechnen", 1921, S. 196 bis 199.

nach der Oberwasserseite geneigten Stauwand (Versuchsreihe II) und mit einer um 30⁰ nach der Unterwasserseite geneigten Stauwand (Versuchsreihe III) untersucht. Im Hinblick auf die praktische Ausführungsmöglichkeit wurde jedoch für die Versuchsreihen II und III nur das obere Viertel der Stauwand geneigt, der untere Teil lotrecht gelassen. Der Übergang wurde mit 60 mm Abrundungsradius ausgerundet.

Um die Form der Kronen zu bestimmen, wurden nacheinander drei scharfkantige Wehre der bezeichneten Art in das Gerinne eingebaut, die Strömungsbilder an der Glaswand des Gerinnes angezeichnet und auf das Reißbrett übertragen. Die Strahlformen, die sich bei demselben Wehr für verschiedene Überfallhöhen ergaben, waren, wie zu erwarten war, einander nicht genau geometrisch ähnlich, wegen des Einflusses der Zulaufgeschwindigkeit und — bei den Wehren II und III — auch wegen der verhältnismäßig kurzen Erstreckung des geneigten Teiles. Die Abweichungen waren aber nur gering. Eine ganz genaue Befolgung der der Formbestimmung zugrunde gelegten Erwägung wurde nicht als nötig angesehen, da es nicht sichergestellt ist, ob die entsprechenden Wehrformen wirklich die besten sind und da außerdem bei benetzter Krone der Reibungseinfluß sowieso eine Abweichung der Strömung von derjenigen Strömung erzeugt, die bei scharfkantigem Wehr und belüftetem Strahl sich einstellt. Aus demselben Grunde wurde es auch für zulässig angesehen, für die geneigten Stauwände (II und III) dieselben Kronenformen zu verwenden wie bei der lotrechten Stauwand; entsprechend der Neigung der Stauwand wurde lediglich am Einlauf die Krone weiter vorgezogen oder verkürzt, sodaß Stauwand und Krone ohne Knick aneinander grenzen. Die grundlegende Erwägung hat also bei der Ausbildung der Form im einzelnen nur als Anhalt gedient.

Zugrunde gelegt wurde die bei lotrechtem scharfkantigem Wehr von 300 mm Höhe bei einer Überfallhöhe $h_0 = 120$ mm ermittelte Strahlform. Um die Wehrform einfach angeben zu können, wurde die tatsächliche Strahlform ersetzt: von der Stauwand bis zum höchsten Punkte der Krone durch eine Ellipse mit lotrechter und waagerechter Achse und von dort aus durch eine Parabel mit lotrechter Achse. Die Parabel wurde so weit fortgeführt, bis sie eine Neigung von 50⁰ gegen die Waagerechte erreicht; dort schließt sich ohne Knick der ebene Wehrrücken an. Daß der Krümmungsradius sich an den Anschlußstellen der Kurven unstetig ändert, wurde im Interesse der einfachen Festlegung der Form zugelassen; auffällig ist die Veränderung nicht, sie wird wohl auch bei der praktischen Herstellung der Formen durch die Ungenauigkeiten der Ausführung verdeckt und durch das Abschleifen verwischt.

Die oben beschriebene Wehrkrone wurde als „Wehrkrone $k = 120$ mm" bezeichnet. Durch geometrisch ähnliche Verkleinerung bzw. Vergrößerung wurden für Versuchsreihe I noch fünf weitere Wehrkronen, nämlich für $k = 20, 50, 60, 170$ und 220 mm hergestellt, z. B. ist die Wehrkrone $k = 20$ mm das im Verhältnis $120 : 20$ verkleinerte Abbild der Wehrkrone $k = 120$ mm.

In ähnlicher Weise wurden die Wehrkronen für die Versuchsreihen II und III hergestellt.

Der Einbau der Wehre wurde stets so vorgenommen, daß der obere Rand der Stauwand 300 mm über der Gerinnesohle liegt. Die von der Gerinnesohle bis zum höchsten Punkt der Krone gemessene Wehrhöhe ist also in allen Fällen etwas größer als 300 mm, und zwar um so mehr, je größer die Kennhöhe k der Krone ist.

Im einzelnen waren die Formen in folgender Art von der Kennhöhe k abhängig:

Versuchsreihe I, lotrechte Stauwand (Abb. 17).

Vom oberen Rand der Stauwand bis zum Scheitel der Wehrkrone eine Viertelellipse mit den Halbachsen $a = 0,240 \cdot k$ und $b = 0,115 \cdot k$. Vom Scheitel der Wehrkrone aus eine Parabel: $x^2 = -2 \cdot k \cdot (y - b)$. Die Parabel geht dann im Punkte x_0, y_0 über in einen unter 50⁰ zur Waagerechten geneigten ebenen Wehrrücken. Die Gleichung für die Wehroberfläche zerfällt also in 3 Teile. Sie lautet demnach:

$$\text{für } x = -a \text{ bis } x = 0 : \quad x^2/0{,}057600 + y^2/0{,}013225 = k^2;$$
$$\text{für } x = 0 \quad \text{bis } x = x_0 : \quad x^2 = 0{,}230 \cdot k^2 - 2 \cdot k \cdot y;$$
$$\text{für } x > x_0 : \quad y = -1{,}19175 \cdot x + 0{,}82513 \cdot k.$$

Die Wehrhöhe betrug somit $(p_0 + b) = p_0 + 0,115 \cdot k = 300$ mm $+ 0,115 \cdot k$.

Als Grenzfall wurde ferner ein Wehr mit der Kennhöhe O ausgeführt, welches also nur aus der lotrechten Stauwand und dem an sie scharfkantig anschließenden, mit 50^0 abfallenden Wehrrücken besteht.

Versuchsreihe II, oberes Viertel der Stauwand gegen die Oberwasserseite geneigt (Abb. 18).

Es wurde dieselbe Wehrform beibehalten wie bei Versuchsreihe I; doch ist hier die Ellipse über ihren Scheitel am Ende von a fortgesetzt, bis sie 30^0 Neigung gegen die Lotrechte erreicht; dort schließt sie an die Stauwand an. Die Koordinaten des Übergangspunktes sind x' und y'.

Die Wehrhöhe betrug somit $(p_0 + b - y') = 300$ mm $+ 0,14566 \cdot k$.

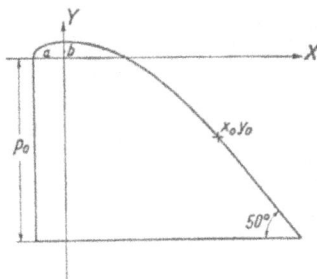

Abb. 17.	Abb. 18.	Abb. 19.

$x_0 = + 1,19175 \cdot k;$
$y_0 = - 0,59513 \cdot k.$
$\varrho' = 0,0551 \cdot k;$
$\varrho'' = 0,5009 \cdot k;$

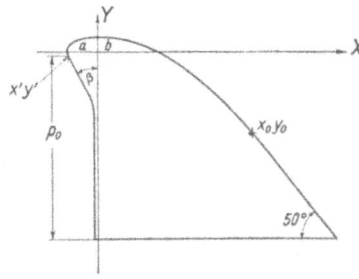

$x' = - 0,23131 \cdot k;$
$y' = - 0,03066 \cdot k.$

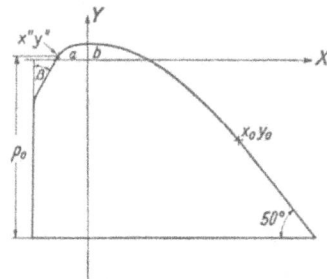

$x'' = - 0,23131 \cdot k;$
$y'' = + 0,03066 \cdot k.$

Versuchsreihe III, oberes Viertel der Stauwand gegen die Unterwasserseite geneigt (Abb. 19).

Auch hier wurde die für Versuchsreihe I gefundene Wehrform beibehalten; doch ist die Ellipse an ihrem Scheitel am Ende von a verkürzt; sie geht dort über in die unter 30^0 zur Lotrechten geneigte Stauwand. Die Koordinaten des Übergangspunktes sind x'' und y''. Die Wehrhöhe betrug somit $(p_0 + b - y'') = 300$ mm $+ 0,08434 \cdot k$.

Bei den Versuchsreihen II und III wurde wie bei Versuchsreihe I je ein Wehr mit der Kennhöhe O ausgeführt.

V. Ergebnisse der Versuchsreihe I.

Die Ergebnisse sind in Abb. 20 dargestellt; an die Kurven sind die in mm ausgedrückten Kennhöhen der betreffenden Wehrkronen angeschrieben. Der Übergang von Strahlform a in Strahlform b konnte nur für $k = 0, 20$ und 50 erreicht werden. Bei den Wehrkronen mit großen Kennwerten reichte die größte Wassermenge, die das Gerinne führen konnte, nicht aus, um den Übergang herbeizuführen.

Die durch die Kurven wiedergegebenen Vorgänge sollen an Hand der Kurve $k = 20$, und zwar zunächst nur unter Bezugnahme auf den durch volle Linien dargestellten Teil der Kurven beschrieben werden. Für ganz kleine Überfallhöhen h (unter 12 mm) sind die Überfallbeiwerte kleiner als die Überfallbeiwerte des voll belüfteten Abflußstrahles eines lotrechten scharfkantigen Wehres von gleicher Wehrhöhe. Dies ist eine Folge der bei den kleinen Überfallhöhen hervortretenden Reibung an der gewölbten Krone sowie des, durch die Anwesenheit der Wehrkrone erzwungenen flacheren Verlaufes der Stromfäden, gegenüber dem freien vollbelüfteten Strahl. Bei Steigerung der Überfallhöhen geht dann der Überfallbeiwert μ stetig herauf, bis bei $h = 55$ mm ein $\mu = 0,900$ gewonnen ist. (Für diese Überfallhöhe wäre beim scharfkantigen, vollbelüfteten Wehr $\mu = 0,637$.) Die μ-Kurve hat hier eine Spitze: bei weiterer Steigerung von h geht μ zuerst sehr schnell, dann langsamer bis auf $0,796$ hinab, um — infolge der allmählich wirksam werdenden Zulaufgeschwindigkeit — bei weiterer Erhöhung der Abflußmenge wieder langsam anzusteigen. Bei dem kritischen

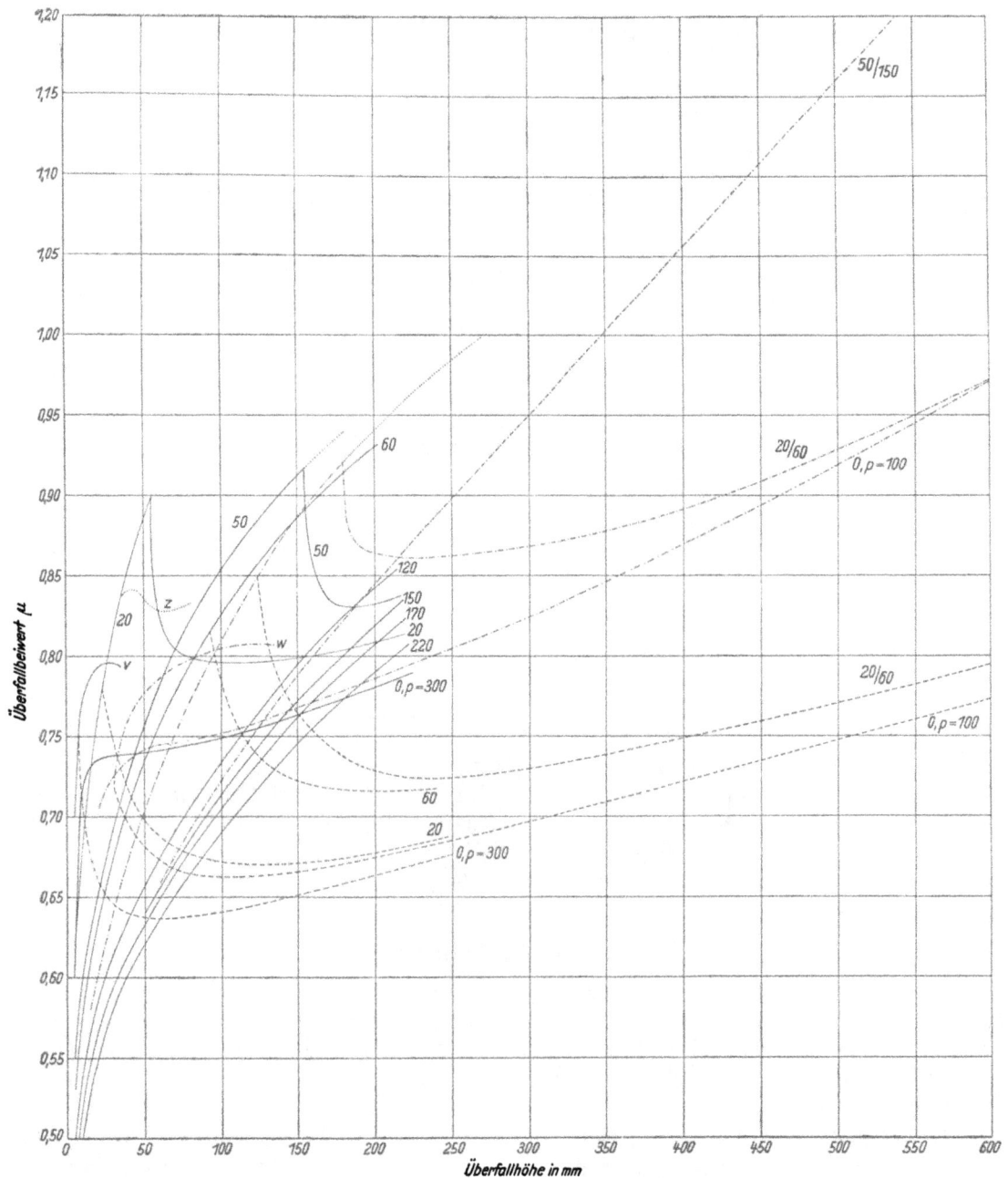

Abb. 20. Versuchsreihe I: Lotrechte Stauwand.

„Umkehrpunkt", d. h. bei Überschreitung der kritischen Überfallhöhe $h_{krit} = 55$ mm (wobei $\mu_{krit} = 0,900$) beginnt die Totraumbildung auf der Wehrkrone (Übergang von Strahlform a der Abb. 12 in Strahlform b). Soweit im Hinblick auf die Beobachtungsgenauigkeit gesagt werden kann, liegen nach Überschreitung von h_{krit} die Versuchspunkte zunächst auf einer Kurve konstanter Wassermenge ($\mu \cdot h^{3/2} =$ konst). Es gibt also nur eine einzige Wassermenge, die mit verschiedenen Überfallbeiwerten abfließen kann.

Die Kurve $k = 50$ mm verläuft ähnlich wie die eben erwähnte; dabei ist $h_{krit} = 155$ mm und $\mu_{krit} = 0,917$. Die Erhöhung von μ gegenüber dem bei $k = 20$ ermittelten Wert von $0,900$ ist, wie bekannt, im wesentlichen durch die Erhöhung der Zulaufgeschwindigkeit verursacht — die Wehrhöhe war ja in beiden Fällen annähernd dieselbe — (202,3 mm bei $k = 20$ und 205,7 mm bei $k = 50$). Die kritische Überfallhöhe andererseits müßte bei Vernachlässigung der Veränderungen der Zulaufgeschwindigkeit und Reibung in demselben Verhältnis wachsen wie die Abmessungen der Wehrkrone, d. h. wie die Kennhöhen zunehmen. Tatsächlich hat jedoch h_{krit}/k für $k = 20$ mm den Wert 2,75 und für $k = 50$ mm den Wert 3,1. Es liegt nahe, dieses Anwachsen von h_{krit}/k ebenso wie das Anwachsen von μ der Erhöhung der Zulaufgeschwindigkeit zuzuschreiben. Sichergestellt ist diese Vermutung aber nicht, denn das Anwachsen von h_{krit}/k könnte auch der bei dem größeren Wehr verminderten Reibungswirkung zuzuschreiben sein; die hier maßgebende Strahlablösung wird ja durch die Reibung in ungleich stärkerem Maße beeinflußt als etwa die Durchlaßmenge bei gleichbleibender Strahlform. Die Entscheidung der Frage, welcher der beiden Umstände die Erhöhung von h_{krit} hauptsächlich bewirkt, ist praktisch wichtig, denn selbstverständlich wurden die Versuche angestellt um die Ergebnisse auf große Abmessungen zu übertragen, und wenn die Erhöhung von h_{krit} ein Maßstabeffekt ist, würde man bei großen Wehren mit einer weiteren Erhöhung rechnen dürfen.

Um diese Frage zu entscheiden, wurden die Wehrkronen $k = 20$ mm und $k = 50$ mm an eine lotrechte Stauwand von 100 mm Höhe angesetzt. Dadurch entstanden gewissermaßen verkleinerte Modelle der Wehre $k = 60$ und $k = 150$ mit 300 mm hoher Stauwand. Die Erniedrigung der Wehrhöhe wurde erzielt durch Einlegen eines zweiten Bodens in das Gerinne; gleichzeitig wurde die Meßstelle höher gelegt. Zur Wasserberuhigung diente auch hier wieder das schon bei den Hauptversuchen verwendete Rohrpaket. Nunmehr konnten auch Überfallhöhen $h > p$ untersucht werden; dabei bildeten sich infolge der größeren Zulaufgeschwindigkeit hinter dem Rohrpaket Wellen, welche

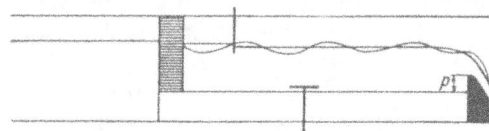

Meßstelle
Abb. 21.

die Messungen erschwerten. Die auftretenden stehenden Wellen würden die Überfallhöhe gefälscht und die Strahlform verzerrt haben; die begrenzte Länge des Gerinnes machte es unmöglich das Rohrpaket so weit vom Überfall abzurücken, daß die Wellen ohne künstliche Hilfsmittel bis zur Meßstelle abklingen. Deswegen wurde in kurzem Abstande hinter dem Rohrpaket von oben herab eine dünne Tauchwand so weit heruntergesenkt, bis die Wellen verschwanden (Abb. 21). Die dabei auftretende Störung der Strömung mußte in Kauf genommen werden. Wegen der größeren Unruhe des Oberwassers und der dadurch hervorgerufenen geringeren Meßgenauigkeit streuen bei großen Überfallhöhen die Versuchspunkte stärker als beim hohen Wehr. Die Versuche bei Überfallhöhen $h < p$ erforderten das Einsetzen der Tauchwand nicht, sodaß der Vergleich mit den bei der großen Wehrhöhe erzielten Ergebnissen nicht gestört wird. Die Versuche ergaben für $k = 20$ ein $h_{krit} = 60$ mm, $\mu_{krit} = 0{,}921$. Somit war $h_{krit}/k = 3{,}0$. Daraus folgt, daß die bei 300 mm hoher Stauwand beim Übergang von $k = 20$ auf $k = 50$ beobachtete Erhöhung von h_{krit}/k wenigstens zum größten Teile der Erhöhung der Zulaufgeschwindigkeit zuzuschreiben ist und daß man bei großen Ausführungen nicht mit einer Erhöhung von h_{krit}/k rechnen sollte, vielmehr h_{krit}/k als nur von $k/p_0 = \dfrac{\text{Kennhöhe der Krone}}{\text{Höhe der Stauwand}}$ abhängig anzunehmen hat. Für $k = 50$ wurde bei $p_0 = 100$ mm Stauwandhöhe h_{krit} nicht mehr erreicht.

Die an den „Modellwehren" $p_0 = 100$ mm, $k = 20$ und $k = 50$ ermittelten Überfallbeiwerte wurden nach dem Modellgesetz — also unter Vernachlässigung der veränderten Reibungsverhältnisse — durch Multiplikation der Überfallhöhen mit 3, auf ein Wehr mit $k = 60$ bzw. 150, $p_0 = 300$ mm umgerechnet und in Abb. 20 als strichpunktierte Linien eingetragen. Diese Kurven sind mit 20/60 und 50/150 bezeichnet. Daß die Kurven 20/60 und 50/150 etwas höher liegen als die Kurven 60 und 150 (interpoliert) ist vielleicht verursacht durch die Abweichungen der Modelle von der erstrebten genauen geometrischen Ähnlichkeit; es können aber auch noch die Versuchsfehler mitgewirkt haben, die bei den Versuchen mit 100 mm hoher Stauwand erheblich größer waren als bei der Versuchsreihe mit der 300 mm hohen Stauwand. Daß für kleinere Überfallhöhen die Kurven 20/60 und 50/150 unterhalb der Kurven 60 bzw. 150 (interpoliert) liegen ist der bei den kleinen Strahlstärken des Modells hervortretenden Reibung zuzuschreiben.

Bei den Wehrkronen $k = 120$, 170 und 220 mm liegen die Umkehrpunkte weit außerhalb der Leistungsfähigkeit des Gerinnes, sodaß nur Teile der aufsteigenden Äste der Kurven bestimmt werden konnten. Diese Kronen waren so groß, daß ein Wehrrücken nicht mehr angesetzt werden konnte.

Bei der praktischen Durchbildung großer Wehre wird man bestrebt sein die Verhältnisse so zu wählen, daß die größte Wassermenge mit möglichst geringem Überstau abgeführt werden kann, sodaß also der entsprechende Punkt der μ-Kurve jedenfalls vor dem steilen, auf den Umkehrpunkt folgenden Abfall liegt. Aus den Versuchen läßt sich dafür das Folgende entnehmen. Bei dem Versuch $k = 20$, $p_0 = 300$ war im Umkehrpunkt die Zulaufgeschwindigkeit so klein, daß sie als wirkungslos angesehen werden darf (Geschwindigkeitshöhe im Zulauf weniger als 1% der Überfallhöhe). Man hat also zu erwarten, daß für Wehre der angegebenen Form, sofern das Verhältnis $\dfrac{\text{Kennhöhe der Krone}}{\text{Höhe der Stauwand}} = \dfrac{k}{p_0}$ gleich oder kleiner ist als 20/300 = 0,07, die kritische Überfallhöhe $h_{\text{krit}} = 2,75 \cdot k$ und der Überfallbeiwert dabei $\mu_{\text{krit}} = 0,90$ ist. Für größere Verhältnisse k/p_0 darf mit einer gewissen Erhöhung von h_{krit}/k gerechnet werden, bei $k/p_0 = 20/100 = 0,2$ mit etwa $h_{\text{krit}}/k = 60/20 = 3,0$ und $\mu_{\text{krit}} = 0,92$ (bei $k/p_0 = 50/300 = 0,17$ mit etwa $h_{\text{krit}}/k = 155/50 = 3,1$ und $\mu_{\text{krit}} = 0,917$). Für noch größere Werte von k/p_0 liegen bisher keine Versuchswerte vor (für $k/p_0 = 50/100 = 0,5$ wurde h_{krit} nicht mehr erreicht; h_{krit}/k wird größer als 190/50 = 3,6; $\mu_{\text{krit}} > 1,23$). Der Sicherheitszuschlag, den man bei der Bemessung auszuführender Wehre noch zu machen hat, kann hier nicht erörtert werden.

Die oben gegebene Regel würde, auf das Wehr mit $k = 0$ angewendet, ergeben, daß gar kein Umkehrpunkt eintritt, der Strahl also immer die Form b hat. Bei diesem Wehr mit lotrechter Stauwand, die scharfkantig in den unter 50^0 geneigten Wehrrücken übergeht, müßte also gemäß dieser Erwägung schon bei den kleinsten Überfallhöhen ein wassergefüllter Totraum vorhanden sein. Das durch die Versuche mit einem solchen Wehr festgestellte Verhalten ist jedoch ein anderes. Die in Abb. 20 eingezeichneten Eichkurven für $k = 0$ (und zwar bei $p = 300$ mm und $p = 100$ mm) weisen bei etwa $h = 20$ mm Überfallhöhe wenn auch keinen sehr deutlich ausgeprägten Umkehrpunkt, so doch immerhin eine Richtungsänderung auf. Der Grund für dieses Verhalten ist die Reibung, die bei dem theoretisch unendlich kleinen Krümmungsradius dieses einen Grenzfall darstellenden Wehres nicht mehr vernachlässigt werden darf: die Reibungsschicht hüllt die scharfe Schneide ein und rundet sie ab.

Bei einigen Versuchen der Reihe I wurde der Strahl absichtlich belüftet. Dazu wurde der Wehrrücken entfernt, sodaß das Wehr nur noch aus der lotrechten Stauwand (von 300 mm Höhe) und der Krone (mit dem ellipsenförmigen und dem parabel-

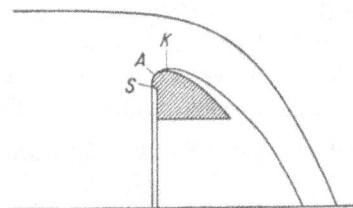

Abb. 22.

förmigen Teil) bestand. Bei großen Überfallhöhen nahm dann der Strahl die Form d (Abb. 12) an, die in Abb. 22 nochmals gezeichnet ist. Die dabei gefundenen Überfallbeiwerte sind in Abb. 20 durch die gestrichelten unteren Äste der Kurven 0, 20 und 60 dargestellt; die Überfallhöhen wurden dabei, wie bei allen Kurven der Abb. 20, auf den höchsten Punkt der Krone (K in Abb. 22) bezogen. Wenn man die Erwägung, auf Grund deren die Form der Krone bestimmt wurde, beachtet, liegt es nahe zu vermuten, daß eine Strahlablösung, also eine Strömung nach Abb. 22 erreicht wird, sobald die Überfallhöhe etwas größer wird als die Kennhöhe k minus der Kronenhöhe b der Wehrkrone. Die kleinste Überfallhöhe, bei der die Ablösung bei fortgenommenem Wehrrücken bestehen bleibt, wenn sie künstlich durch eine Störung herbeigeführt wurde, ist aber größer; bei der Wehrkrone $k = 60$ mm ist sie z. B. ungefähr 92 mm. Der Unterschied ist so groß, daß er nicht dadurch bedingt sein kann, daß die Form der Wehrkrone nur eine Annäherung an die Form der Unterseite des Strahles bei $k - \varepsilon_0 =$

53,1 mm Überfallhöhe bei lotrechter Stauwand ist. Die Abweichung ist vielmehr hauptsächlich durch das Kleben des Wassers an der Wehrkrone (Wirkung der Oberflächenspannung zwischen Wasser und Krone) und durch die nicht ganz vollkommene Belüftung verursacht; letzteres, weil infolge der Reibung zwischen der Strahlunterseite und der darunter befindlichen Luft in dem Luftraum ein kleiner Unterdruck entsteht, der den Strahl herabzieht. Auch bei größeren Überfallhöhen bleiben diese Umstände wirksam; sie äußern sich darin, daß die Ablösung nicht am oberen Ende (S) der Stauwand, sondern an dem weiter stromab liegenden Punkte A (Abb. 22) erfolgt. Als Folge des Klebens des Strahles an der Wehrkrone ist auch die vom Wehr abgeführte Wassermenge größer als die Wassermenge, die bei gleichem Oberwasserstande über ein lotrechtes scharfkantiges Wehr von der Höhe der Stauwand bei voller Belüftung abfließen würde. Dies gilt nicht für das belüftete Wehr mit $k = 0$, denn nach Fortnehmen des Wehrrückens geht dieses Wehr in eine gewöhnliche lotrechte scharfkantige Stauwand über, sodaß die Überfallbeiwerte die eines gewöhnlichen Meßwehres sind. Der darauf bezügliche gestrichelte Ast der Kurve O in Abb. 20 entspricht sowohl für 100 als auch für 300 mm Wehrhöhe sehr gut der Rehbock'schen Formel.

Bei den Versuchen mit den gerundeten Kronen ohne Wehrrücken wurde das Folgende beobachtet. Wenn die Strömung nicht grob gestört wird, kann die Überfallhöhe bis auf den bei den Versuchen mit Wehrrücken bestimmten Wert h_{krit} gesteigert werden, ohne daß der Strahl abspringt; in dem ganzen Bereich bis h_{krit} ergeben sich dabei (ausgenommen das Wehr $k = 20$ bei $p_0 = 300$, siehe unten) dieselben Überfallbeiwerte wie beim Vorhandensein des Wehrrückens. Merkwürdigerweise konnte aber bei den Kronen $k = 50$ ($p_0 = 300$ mm) und $k = 20$ ($p_0 = 100$ mm) die Überfallhöhe sogar über h_{krit} gesteigert werden, ohne daß der Strahl absprang oder ein wassergefüllter Totraum zwischen Strahl und Wehrkrone entstand. Die Meßergebnisse ohne Wehrrücken sind in Abb. 20 durch die punktierten, bei den Kurven 50 und 20/60 an die Umkehrpunkte oben anschließenden Kurvenäste angegeben. Bei vorhandenem Wehrrücken war bei Steigerung von h über h_{krit} hinaus immer der starke Abfall des Überfallbeiwertes beobachtet worden. Bei dem Wehr $k = 20$ ($p_0 = 300$ mm) ohne Wehrrücken trat andererseits schon vor Erreichung des bei den Versuchen mit Wehrrücken bestimmten Wertes h_{krit} eine allmähliche Ablösung des Strahles ein; es wurde im Gegensatz zu dem Verhalten dieser Wehrkrone bei $p_0 = 100$ mm und im Gegensatz zu dem Verhalten des Wehres $k = 50$ hier bei den Versuchen ohne Wehrrücken kein so hoher Überfallbeiwert als bei denen mit Wehrrücken erreicht; es ergab sich vielmehr das in Abb. 20 mit z bezeichnete punktierte Kurvenstück.

Bei den Versuchen $k = 0$ ohne Wehrrücken kam der Strahl nach Überfließen der unter 50^0 zur Waagerechten abgefrästen scharfkantigen Wehrschneide an der lotrechten Rückseite der 5 mm starken Stauwand zum Anliegen. Mit dieser Strahlform wurden bei $h = 20$ mm die Überfallbeiwerte $\mu = 0,795$ ($p_0 = 300$ mm) und $\mu = 0,815$ ($p_0 = 100$ mm) erreicht; bei einer Überfallhöhe von 30 mm sprang der Strahl dann infolge Eindringens von Luft ab (Kurven v und w der Abb. 20).

Bei den untersuchten Wehren mit niederer Stauwand ($p_0 = 100$ mm) ist bei größeren Überfallhöhen die Zulaufgeschwindigkeit u von maßgebendem Einfluß auf den Überfallbeiwert μ, welcher hier deshalb bei größeren Überfallhöhen so außergewöhnlich hoch wird, weil u sehr groß ist. Man kann nun bei jedem Wehr eine hohe Zulaufgeschwindigkeit dadurch erzielen, daß man vor dem Wehr die Sohle hebt, also eine Vorschwelle einbaut; dabei geht, bei gegebenem Wasserstande im Stausee aber natürlich die verfügbare Überfallhöhe (nach der gewöhnlichen Definition) um die Geschwindigkeitshöhe der Zulaufgeschwindigkeit herab. Um ein richtiges Maß von der „Güte" der Wehrkrone zu erhalten, müßte man die Überfallhöhe h in der Grundformel

$$Q = \frac{2}{3} \cdot \mu \cdot l \cdot h^{3/2} \cdot \sqrt{2g}$$

ersetzen durch $h_e = \left(h + \dfrac{u^2}{2g}\right)$. Der auf diese Überfallhöhe h_e bezogene berichtigte Überfallbeiwert sei mit m bezeichnet. Die Beziehung zwischen μ und m lautet dann mit $q = \dfrac{Q}{l}$:

$$\frac{2}{3} \cdot \mu \cdot \sqrt{2g} \cdot h^{3/2} = q = \frac{2}{3} \cdot m \cdot \sqrt{2g} \cdot \left(h + \frac{u^2}{2g}\right)^{3/2}$$

oder:

$$m = \mu \cdot \frac{h^{3/2}}{\left(h + \dfrac{u^2}{2\,g}\right)^{3/2}};$$

setzt man $u = \dfrac{q}{h+p} = \dfrac{2}{3} \cdot \mu \cdot \dfrac{\sqrt{2\,g} \cdot h^{3/2}}{(h+p)}$, also $\dfrac{u^2}{2\,g} = h \cdot \left(\dfrac{2}{3} \cdot \dfrac{\mu \cdot h}{h+p}\right)^2$, so erhält man:

$$m = \mu \cdot \frac{h^{3/2}}{\left[h \cdot \left[1 + \dfrac{4}{9} \cdot \mu^2 \cdot \left(\dfrac{h}{h+p}\right)^2\right]\right]^{3/2}}$$

$$= \mu \cdot \frac{h^{3/2}}{h^{3/2} \cdot \left[1 + \dfrac{4}{9} \cdot \mu^2 \cdot \left(\dfrac{h}{h+p}\right)^2\right]^{3/2}}$$

$$m = \mu \cdot \frac{1}{\left[1 + \dfrac{4}{9} \cdot \mu^2 \cdot \left(\dfrac{h}{h+p}\right)^2\right]^{3/2}}.$$

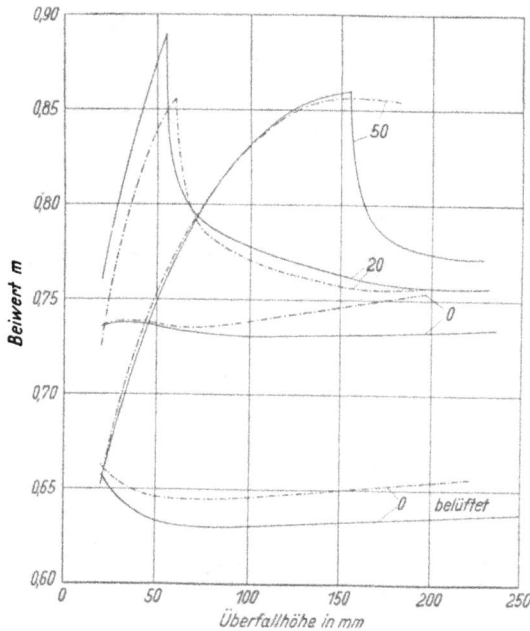

Abb. 23.

In Abb. 23 ist der Beiwert m für die Kronen $k = 0$, 20 und 50 sowohl für $p_0 = 300$ mm, als auch für $p_0 = 100$ mm Stauwandhöhe abhängig von der Überfallhöhe h aufgetragen. Ein Vergleich mit Abb. 20 zeigt, daß die bei gleichbleibender Krone und Überfallhöhe mit Verringerung der Wehrhöhe eintretende Erhöhung der Überfallbeiwerte μ durch die zur Erzeugung der Zulaufgeschwindigkeit nötige Spiegelabsenkung wettgemacht wird, sodaß bei gegebenem Wasserstande im Stausee und gegebener Höhenlage und Form der Wehrkrone eine Vergrößerung der Wasserabführung durch Einbau einer Vorschwelle nicht erreicht wird.

VI. Ergebnisse der Versuchsreihen II und III.

Im Vergleich zur Versuchsreihe I (Abb. 20) liegen (für $k > 0$) die entsprechenden μ-Kurven der Versuchsreihen II (Abb. 24) und III (Abb. 25) im allgemeinen tiefer. Bei den Strahlformen b und d (Abb. 12) wurden bei Versuchsreihe III (oberes Viertel der Stauwand gegen die Unterwasserseite geneigt) allerdings höhere Überfallbeiwerte festgestellt als bei Versuchsreihe I (lotrechte Stauwand). Bei Strahlform a (Abb. 12) liefert jedoch die lotrechte Stauwand fast überall größere Überfallbeiwerte. Man wird deswegen die lotrechte Stauwand vorziehen, wenn nicht konstruktive Gründe für eine Neigung vorliegen. Für das scharfkantige Wehr und freien vollbelüfteten Abflußstrahl ist bei gleicher Abflußmenge die Strahlerhebung ε bei Versuchsreihe II größer, bei Versuchsreihe III kleiner als bei Versuchsreihe I. In diesem Falle sind die Überfallbeiwerte daher für Versuchsreihe II niedriger, für Versuchsreihe III höher, als bei Versuchsreihe I. Die durch das Anbringen der Wehrkrone und des Wehrrückens hervorgerufene Verbesserung des Überfallbeiwertes gegenüber dem freien vollbelüfteten Strahl des scharfkantigen Wehrs ist bei den Wehren der Versuchsreihen II und III dieselbe wie bei denen der Versuchsreihe I. Auch bei den μ-Kurven der Versuchsreihen II und III treten kritische Überfallhöhen auf.

Für $k = 0$ und anliegenden Strahl mit Wehrrücken tritt die Richtungsänderung der μ-Kurve in beiden Fällen wiederum bei $h = 20$ mm auf. Die kritische Überfallhöhe wurde bei den Versuchsreihen II und III nur für das Wehr mit $k = 20$ mm erreicht; sie beträgt:

Für Versuchsreihe II: $h_{\mathrm{krit}} = 60$ mm ($\mu_{\mathrm{krit}} = 0{,}865$); $h_{\mathrm{krit}}/k = 3$.

Für das nächst größere Wehr mit $k = 45$ mm wurde h_{krit} nicht mehr erreicht; doch ist h_{krit}/k jedenfalls größer als 4 und μ_{krit} mindestens $= 0{,}94$.

Für Versuchsreihe III: bei $k = 20$ ist $h_{krit} = 80$ mm ($\mu_{krit} = 0,900$); $h_{krit}/k = 4$.

Für das nächst größere Wehr mit $k = 50$ mm liegt h_{krit}/k wahrscheinlich auch in der Nähe von 4, da der Wert h/k für den höchsten erreichten Meßpunkt bereits $190/50 = 3,8$ beträgt.

Ohne Wehrrücken wurden die μ-Kurven für vollbelüfteten Strahl nur für die beiden kleinsten Wehrkronen der Versuchsreihen II und III aufgenommen; für anliegenden Strahl wurden Überfall-

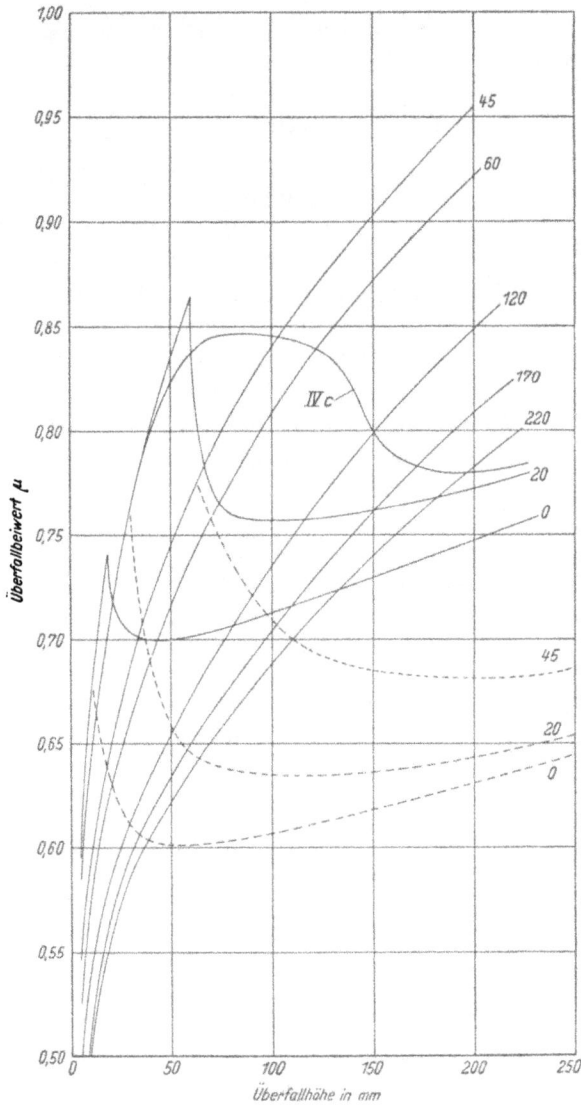

Abb. 24. Versuchsreihe II: Oberes Viertel der Stauwand gegen die Oberwasserseite geneigt.

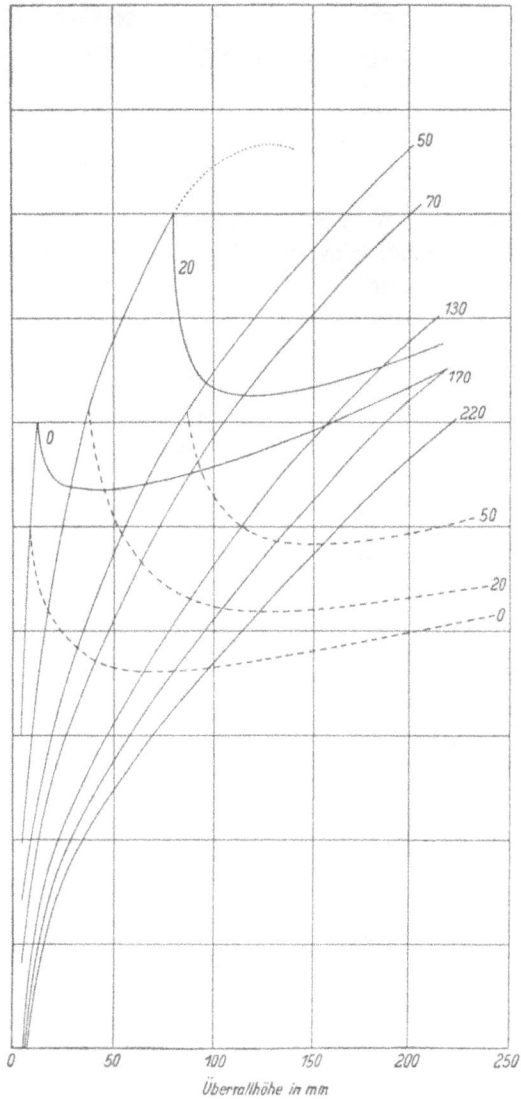

Abb. 25. Versuchsreihe III: Oberes Viertel der Stauwand gegen die Unterwasserseite geneigt.

höhen über h_{krit} hinaus nur bei Versuchsreihe III und $k = 20$ mm untersucht; es war eine Steigerung bis $h = 140$ mm ($\mu = 0,935$) möglich, ohne daß der Strahl absprang. Doch streuen bei diesem Wehr die Versuchspunkte sehr beträchtlich, besonders auch für die μ-Kurve mit Wehrrücken in der Nähe von h_{krit}, was durch die Beobachtung zu erklären ist, daß der sich auf der Wehrkrone bildende Totraum bei der vorliegenden Wehrform, solange er noch klein ist, nicht halten kann und zeitweilig wieder weggespült wird.

Welchen Einfluß eine Formänderung des Wehrrückens auf den Überfallbeiwert ausüben kann, zeigt die Kurve IVc der Abb. 24. Hier wurde an die Wehrkrone $k = 20$ mm statt des geraden Wehrrückens ein konkaver Wehrrücken angesetzt (Abb. 26). Es tritt bei der μ-Kurve

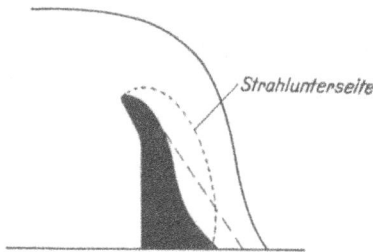

Abb. 26.

keine Spitze mehr auf. Von der kritischen Überfallhöhe an bleibt der Überfallbeiwert eine Zeitlang fast konstant, nimmt dann allmählich ab, um bei h etwa 300 mm in den Wert für den geraden Rücken überzugehen. Durch die Höhlung des Wehrrückens kann der Überfallbeiwert in einem gewissen Bereich erhöht werden.

VII. Ergebnisse der Versuchsreihe IV.

Es wurde hier abweichend von den Versuchsreihen I, II und III ein Wehr mit Kreiszylinderkrone zugrunde gelegt (Abb. 27). Die Winkel φ und ψ wurden hierbei variiert. Der Krümmungsradius R des Wehrrückens blieb konstant; ebenso die Summe der beiden Winkel $(\varphi + \psi)$. Diese Wehrform kann leicht hergestellt werden und als Ausflußkante für Behälter Verwendung finden; auch bei Eisenbeton-Hohlwehren treten ähnliche Wehrformen auf. Die Wehrhöhe betrug $(p_0 + r)$ = 300 mm $+ r$.

Die μ-Kurven der Wehre der Versuchsreihe IV verhalten sich ähnlich wie diejenigen der Wehre der Versuchsreihen I, II und III. Die kritische Überfallhöhe liegt für $r = 20$ mm Krümmungsradius der Krone immer bei 110 mm, für $r = 18$ mm bei 106 mm; der kritische Überfallbeiwert beträgt im Mittel 0,893. Die μ-Kurven weisen an der Stelle h_{krit} keine eigentliche Spitze auf, d. h. es tritt hier kein Abfall der μ-Kurve längs einer Linie $q =$ konst ein. Es ist hier, wie beim scharfkantigen Wehr mit Wehrrücken und anliegendem Strahl der Versuchsreihen I, II und III, auch schon bei Überfallhöhen kleiner h_{krit} ein Totwasserraum, jedoch nur auf der Unterwasserseite des Scheitels vorhanden, sodaß bei diesen Überfallhöhen die Strahlerhebung δ über den Scheitel der Wehrkrone noch $= 0$ ist. Erst bei Steigerung der Überfallhöhe über h_{krit} dehnt sich der Totraum über den Scheitel aus, sodaß $\delta > 0$ wird und der Überfallbeiwert sinkt.

Der Vergleich der beiden Fälle (a) und (b_1) zeigt, daß die Vergrößerung des Krümmungsradius r von 18 auf 20 mm eine durchgehende Verschlechterung des Überfallbeiwertes um 0,01 und gleichzeitig eine Erhöhung der kritischen Überfallhöhe zur Folge hat. Neigt man die Wehrkrone gegen die Oberwasserseite (Fall b_2), so tritt bis zur Überfallhöhe h_{krit} nur eine geringfügige Ver-

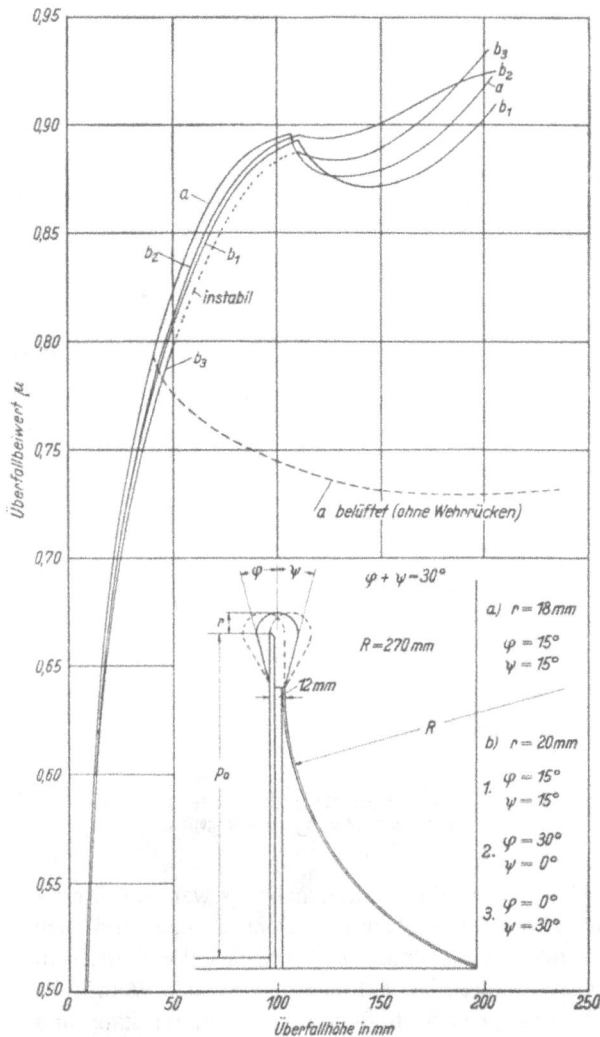

Abb. 27. Versuchsreihe IV.

besserung des Überfallbeiwertes ein; erst wenn $h > h_{krit}$, ist die Verbesserung von μ im Fall b_2 gegenüber Fall b_1 nennenswert. Das Abbiegen der μ-Kurve b_2 nach unten bei der größten möglichen Abflußmenge ist wohl darauf zurückzuführen, daß die Seitenwände des Wehrs nicht genügend weit über die Stauwand hinaus vorgeführt sind. Neigt man die Wehrkrone gegen die Unterwasserseite (Fall b_3), so hat dies bis zur Überfallhöhe h_{krit} eine geringe Verschlechterung des Überfallbeiwertes zur Folge; ist $h > h_{krit}$, so ist der Überfallbeiwert im Fall b_3 größer als bei der Mittellage b_1. Die μ-Kurve b_3 weist ein instabiles Gebiet auf, das sich von $h = 50$ mm an bis zur Überfallhöhe h_{krit} erstreckt. Die erreichten Überfallbeiwerte für den anliegenden Strahl des Kreiszylinderwehrs mit Hohlrücken sind bei der größten Abflußmenge ($q = 250$ l/s) im Mittel um 36% größer als der Überfallbeiwert des vollbelüfteten freien Abflußstrahles des scharfkantigen Wehres mit gänzlich lotrechter Stauwand ($\mu = 0{,}677$). Für die kleinere Krone (Fall a) wurde auch die μ-Kurve für den vollbelüfteten Strahl ohne Wehrrücken aufgenommen ($\mu = 0{,}732$ bei $h = 237$ mm).

C. Die Druckverteilung an der Wehrkrone und der Stauwand bei Wehren mit gerundeter Krone.

Die Erhöhung der Abflußmenge, die ein Wehr mit gerundeter Krone im Vergleich zu einem scharfkantigen Wehr bei sonst gleichen Verhältnissen zeigt, wird durch den Unterdruck bewirkt, der auf der Unterseite des Strahles entsteht. Es besteht nun die Möglichkeit, daß bei großen Ausführungen der Unterdruck so groß wird, daß der absolute Druck auf Null oder, genauer gesagt, bis auf die Wasserdampfspannung herabgeht. In diesem Falle würden sich an den betreffenden Stellen Hohlräume bilden, es würde Kavitation eintreten, deren zerstörende Wirkungen bei Turbinen und Armaturen bekannt sind, und die fraglos auch eine Wehrkrone mit der Zeit zerstören würden. Es ist außerdem möglich, daß bei gewissen Baustoffen ein starker Unterdruck als gefährlich angesehen werden muß, auch dann wenn er noch nicht so groß ist, daß Kavitation entsteht. Um bei der Ausführung der im Abschnitt B untersuchten Wehrformen in großem Maßstabe diese Fragen beurteilen zu können, wurden an den zur Versuchsreihe I gehörigen Wehren Druckmessungen angestellt. Ein Beispiel für die Verteilung der Druckmeßstellen gibt Abb. 28, und zwar für das Wehr $k = 60$ mm bei 300 mm hoher Stauwand.

Die Meßbohrungen hatten einen lichten Durchmesser von 4 mm; sie lagen in der Mittelebene des Gerinnes, mit Ausnahme einiger Bohrungen in der Nähe des Scheitels der kleinen Kronen, die wegen Platzmangels etwas gegeneinander versetzt werden mußten. Im Holz der Wehrkronen wurden die Meßöffnungen durch Einsetzen kleiner Messingröhrchen hergestellt; darauf, daß der Rand der Röhrchen mit der Holzoberfläche genau bündig ist, wurde besonders geachtet. Gummischläuche führten zu einem Manometer, an das die einzelnen Meßstellen der Reihe nach angeschlossen wurden. Um etwaiges Eindringen von Luft zu vermeiden, wurde der Anschluß der jeweiligen Meßstelle bei gleichzeitigem Durchspülen der Schläuche an der Trennstelle vollzogen. Das verwendete Manometer besteht aus einem oben offenen Standglas. Die Ablesung erfolgte mittels eines Hakentasters mit $\frac{1}{10}$ mm Nonius. Das Ganze war auf einem vertikal verschiebbaren Schlitten (Abb. 28) angebracht, da bei den größeren Unterdrücken die Skalenlänge des Tasters nicht mehr ausreichte.

Das Ergebnis der Druckmessungen an den Kronen und Rücken der Wehre $k = 20$, 50 und 60 mm bei einer Stauwandhöhe von 300 mm ist in den Abb. 29, 30 und 31 je für 23 verschiedene Überfallhöhen durch Drucklinien angegeben. Die den Drucklinien angeschriebenen Zahlen geben in mm die Überfallhöhe h an, auf die sich die betreffende Drucklinie bezieht. Die Form des Wehrkörpers ist durch Schattierung hervorgehoben. Der Ausdruck „Drucklinie" wird hier in dem in der praktischen Hydraulik üblichen Sinn gebraucht; ein bestimmter Punkt der Drucklinie gibt also die Höhe an, bis zu der bei der betreffenden Überfallhöhe das Wasser im Manometerrohr steigt, wenn das Manometerrohr mit einer Meßbohrung verbunden wird, die an der Wehroberfläche dort mündet, wo die durch den genannten Punkt der Drucklinie gezogene Lotrechte die Wehroberfläche schneidet. Die Drucklinie $h = 0$ fällt rechts vom Scheitel mit der Wehroberfläche zusammen.

Bei den Wehren $k = 20$ mm und $k = 50$ mm, bei denen die kritische Überfallhöhe h_{krit} überschritten werden konnte, ist deutlich erkennbar, wie sich das Gesetz der Druckverteilung bei Überschreitung der kritischen Überfallhöhe ändert.

Bei dem Wehr $k = 50$ mm tritt bei der kritischen Überfallhöhe ($h_{krit} = 155$ mm $= 3,1 \cdot k$) der größte Unterdruck am Anfang der Krone, also am oberen Rande der Stauwand auf; er beträgt 650 mm WS (die Drucklinie für h_{krit} ist in Abb. 30 nicht eingezeichnet), also das 4,2fache der

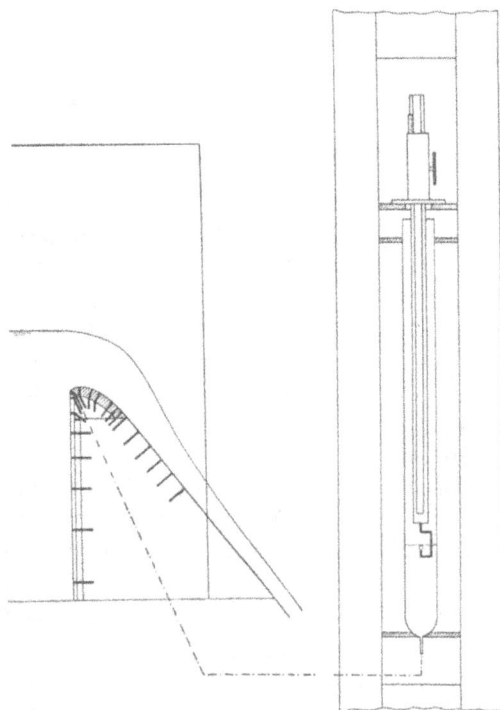

Abb. 28.

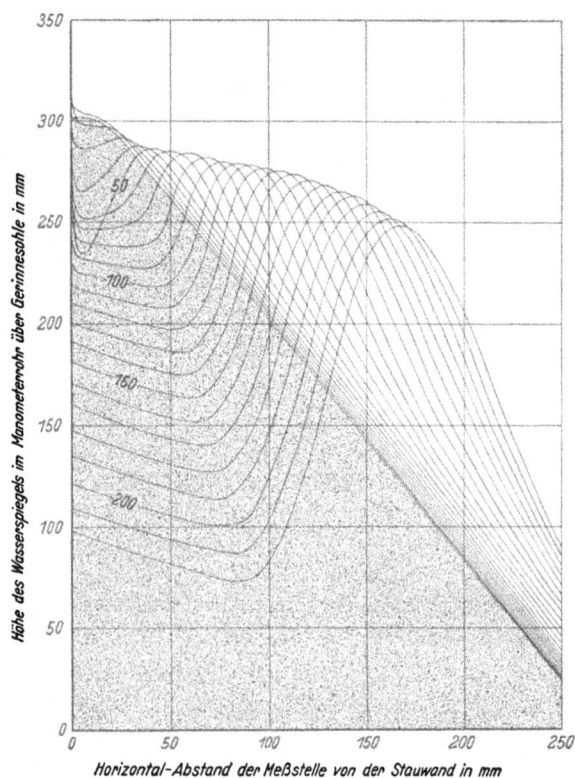

Abb. 29. Druckverlauf längs Wehrkrone und Wehrrücken
für $k = 20$ mm und Überfallhöhen von 0 bis 220 mm
in Abstufungen von 10 mm.

Überfallhöhe. Bei dem Wehr $k = 60$ mm konnte die kritische Überfallhöhe nicht mehr erreicht werden; doch läßt sich aus dem Verlauf der Kurven in Abb. 31 erkennen, daß auch bei diesem Wehr der größte Unterdruck am Anfang der Wehrkrone auftreten wird. Bei dem Wehr mit $k = 20$ mm trat auffallenderweise der größte Unterdruck an einer anderen Stelle, nämlich am Wehrscheitel auf; bei der kritischen Überfallhöhe $h_{krit} = 55$ mm beträgt er an dieser Stelle rd. 82 mm, d. h. das 1,5fache der kritischen Überfallhöhe.

Die erheblichen Schwankungen des Verhältnisses $\dfrac{\text{Unterdruckhöhe}}{\text{Überfallhöhe}}$ bei $h = h_{krit}$ dürften zum größten Teil in kleinen Ungenauigkeiten der Ausführung der Wehrkörper begründet sein. Bei der verhältnismäßig scharfen Krümmung, welche die Wehroberfläche in dem fraglichen Bereich hat, ergeben kleine Abweichungen der Form auf einem engen Bereich zwar keine große Änderung der Durchflußmenge, wohl aber große Änderungen des Druckes in der nächsten Umgebung.

Ist $h > h_{krit}$, so befindet sich längs des Unterdruckbereiches unter dem Abflußstrahl ein wassergefüllter Totraum, dessen unterwasserseitiges Ende, wie durch Beobachtung von Luftblasen

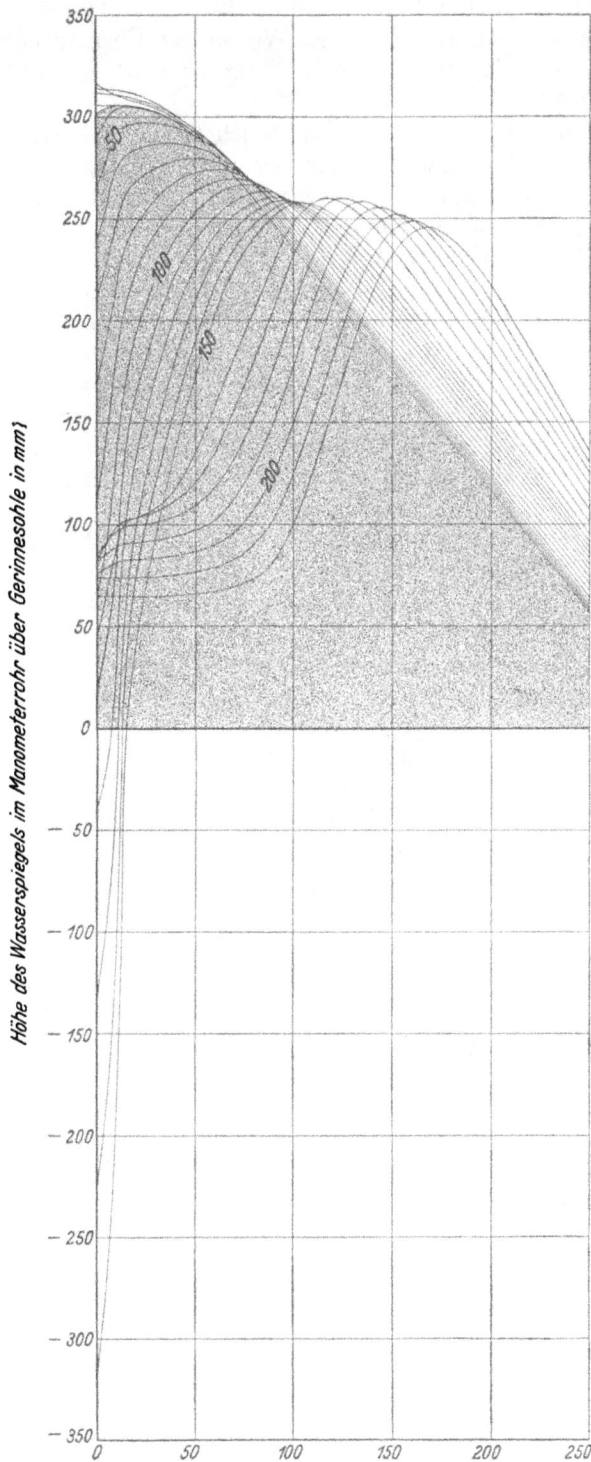

Abb. 30. Druckverlauf längs Wehrkrone und Wehrrücken
für $k = 50$ mm und Überfallhöhen von 0 bis 220 mm
in Abstufungen von 10 mm.

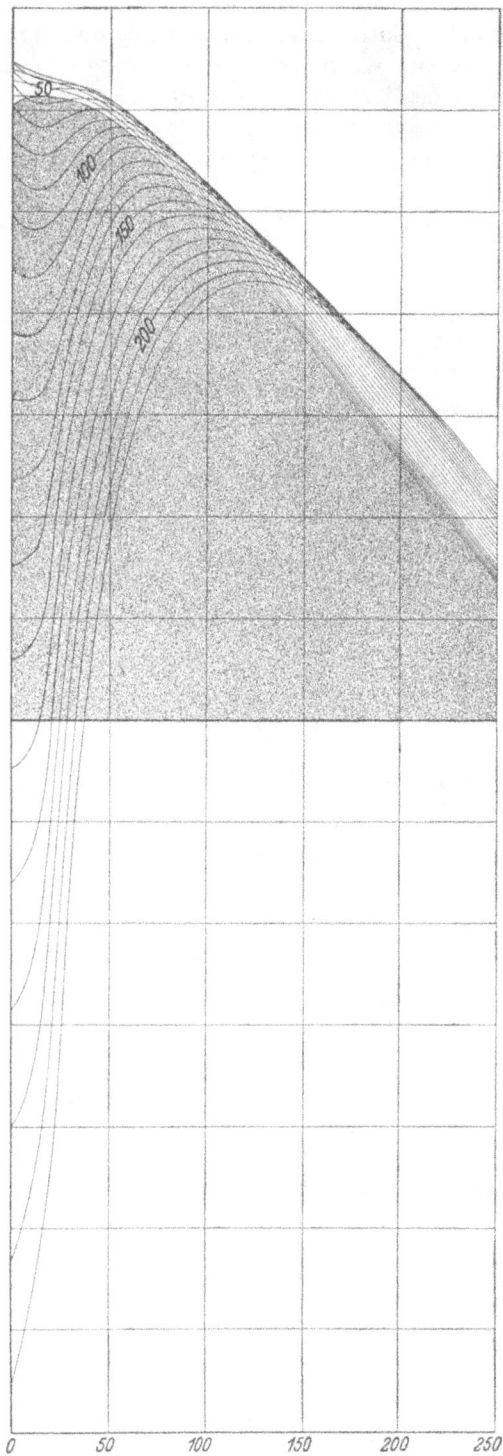

Abb. 31. Druckverlauf längs Wehrkrone und Wehrrücken
für $k = 60$ mm und Überfallhöhen von 0 bis 220 mm
in Abstufungen von 10 mm.

festgestellt wurde, ungefähr mit dem höchsten Punkt der Drucklinie zusammenfällt. Die Stelle des größten Unterdruckes befindet sich ungefähr in der Mitte des Totraums. Wesentliche Überdrücke treten am Wehrrücken erst auf, wenn $h > h_{krit}$, und zwar vom höchsten Punkt der Drucklinie ab nach der Unterwasserseite zu.

Es wurde ferner noch das Wehr $k = 0$ untersucht (Abb. 32), bei dem jedoch die Wehrschneide auf 1 mm Breite waagerecht abgefräst war. Es ist hier schon von Anfang an der Totraum am Wehrrücken vorhanden; es treten schon bei ganz kleinen Überfallhöhen wesentliche Überdrücke am Wehrrücken auf.

Die Druckmessungen an der Stauwand sind in Abb. 33 wiedergegeben, indem die an den einzelnen Meßstellen beobachteten Druckhöhen horizontal nach links abgetragen und durch Kurven verbunden wurden. (Die oberste Meßstelle liegt rd. 8 mm unterhalb des oberen Randes S der Stauwand.) Für $h = 0$ mm erhält man dabei natürlich eine Gerade unter 45^0. Bei Überlauf des Wassers erhält man für den oberen Teil, der höher liegt als $\frac{3}{4} \cdot p_0$, die ja schon aus den einfachsten Beziehungen der Hydraulik folgende und bekannte[1]) Erniedrigung des Druckes an der Stauwand. Für das scharfkantige Wehr mit vollbelüftetem Abflußstrahl ist die Druckhöhe (Überdruck über den atmosphärischen Druck) an der Wehrschneide S gleich Null (Abb. 33); bei den Wehren mit anliegendem Strahl tritt an dieser Stelle (Übergang der Stauwand in die gerundete Krone) bei größeren Überfallhöhen Unterdruck auf. Für den unteren Teil der Stauwand, der tiefer liegt als $\frac{3}{4} \cdot p_0$, ist die Druckhöhe etwas größer als der Abstand bis zum Oberwasserspiegel in einiger Entfernung vor dem Wehr; es wird eben ein Teil der Geschwindigkeitshöhe des zuströmenden Wassers in

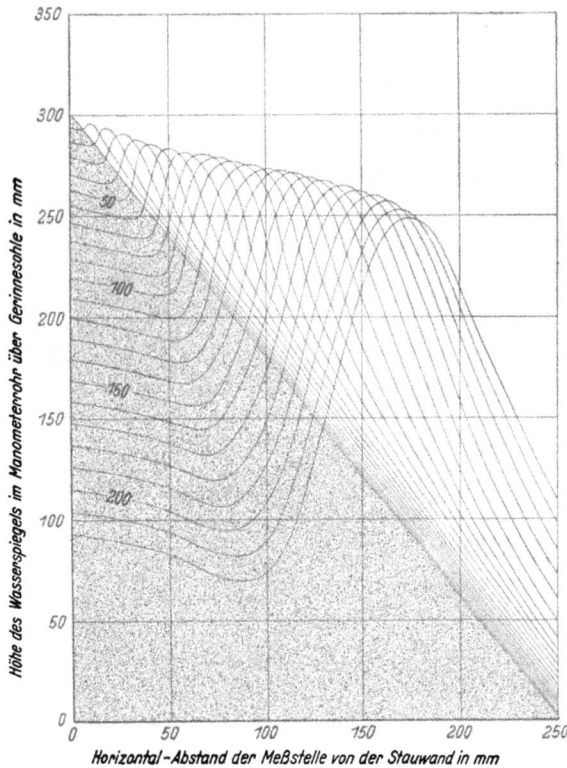

Abb. 32. Druckverlauf längs Wehrkrone und Wehrrücken für $k = 0$ mm und Überfallhöhen von 0 bis 220 mm in Abstufungen von 10 mm.

Druck umgesetzt. Der Unterschied ist am größten in einer Höhe $\frac{1}{2} \cdot p_0$ über Gerinnesohle; gegen den Gerinneboden zu nimmt die erwähnte Druckerhöhung bei sämtlichen Wehren wieder etwas ab. Es tritt im Totraum vor der Stauwand, wie Farbversuche zeigten, am Gerinneboden eine den Druck erniedrigende wirbelige Rückströmung auf. Bei Überschreitung von h_{krit} ändert sich im oberen Viertel der Stauwand auch das Gesetz der Druckverteilung in noch merklicher Weise.

Bei der verringerten Wehrhöhe $p_0 = 100$ mm wurden für $k = 0$ und $k = 20$ mm ebenfalls Druckmessungen angestellt, um zu sehen, ob und mit welchem Genauigkeitsgrad das Modellähnlichkeitsgesetz für die Druckmessungen Anwendung finden kann, wie dies an Wehrrücken E h r e n b e r g e r schon gemacht hat[2]).

---

[1]) K o c h - C a r s t a n j e n: „Bewegung des Wassers und dabei auftretende Kräfte." (Springer, Berlin 1926) S. 194 usf.

K e u t n e r: s. Anm. S. 35 („Bautechnik" 1929, S. 575 usf.).

[2]) E h r e n b e r g e r: „Versuche über die Verteilung der Drücke am Wehrrücken infolge des abstürzenden Wassers". — Mitteilungen der Versuchsanstalt für Wasserbau im Bundesministerium für Land- und Forstwirtschaft über ausgeführte Versuche. Wien 1929.

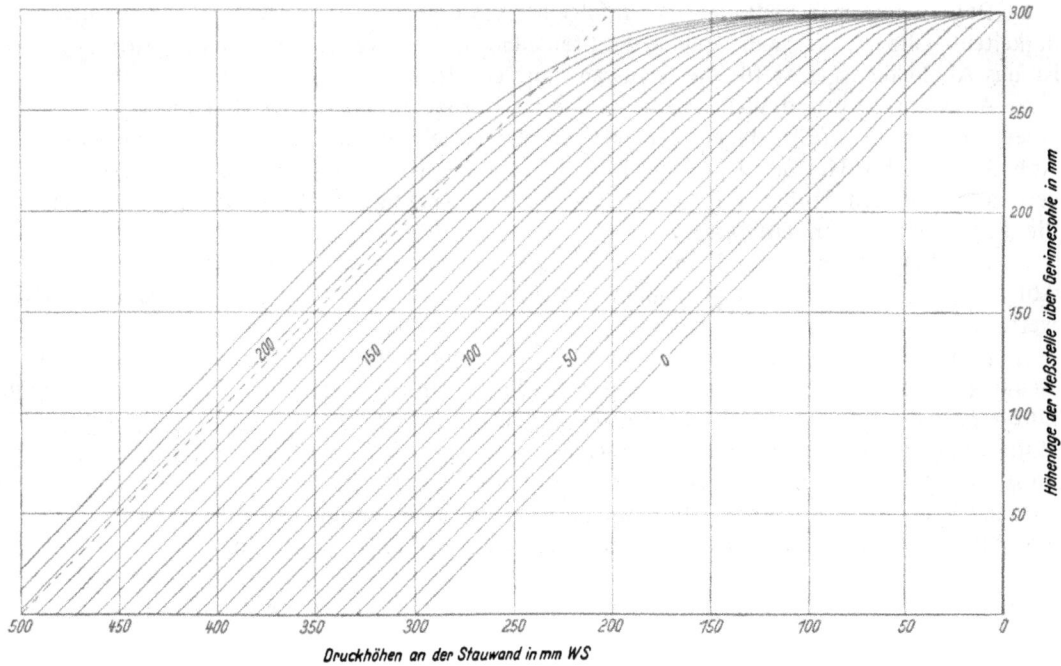

Abb. 33. Druckverlauf längs der Stauwand für den scharfkantigen, vollbelüfteten Überfall
und Überfallhöhen von 0 bis 220 mm in Abstufungen von 10 mm.

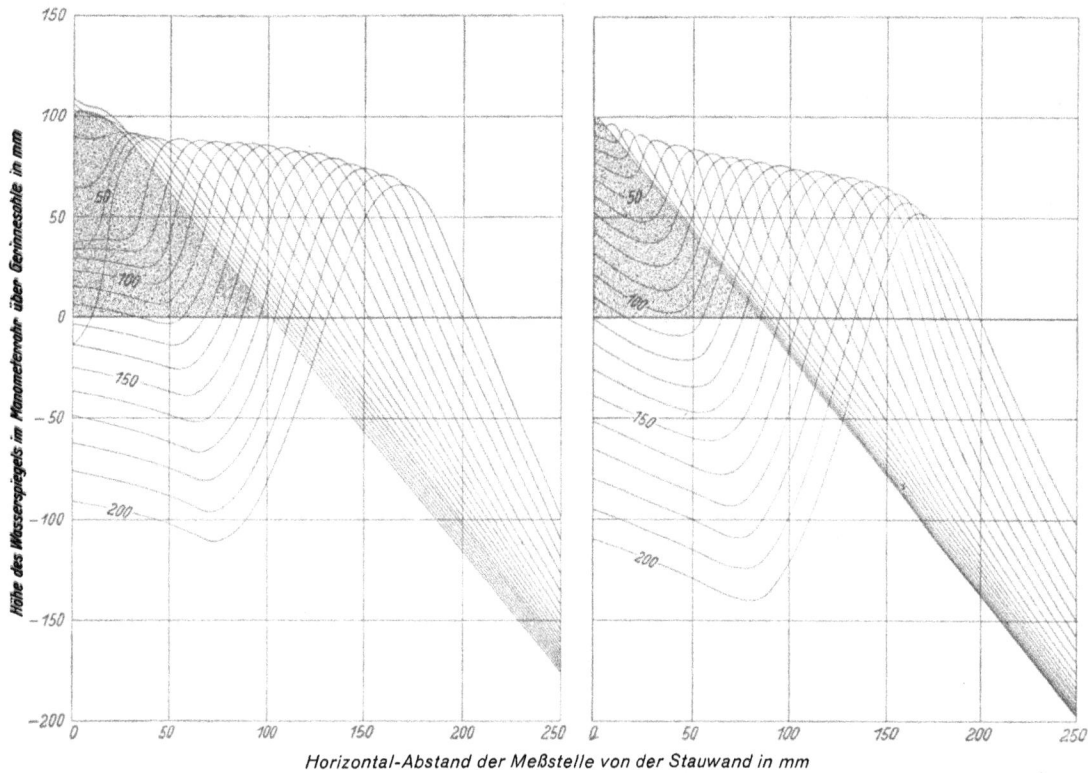

Abb. 34. Druckverlauf längs Wehrkrone und Wehrrücken
für k = 20 mm und Überfallhöhen von 0 bis 200 mm
in Abstufungen von 10 mm.

Abb. 35. Druckverlauf längs Wehrkrone und Wehrrücken
für k = 0 mm und Überfallhöhen von 0 bis 200 mm
in Abstufungen von 10 mm.

4*

Dabei zeigte es sich, daß — wohl infolge der etwas geänderten Verteilung der Zulaufgeschwindigkeiten — die Druckerniedrigung an der Stauwand erst in etwas größerer Höhe eintritt; im übrigen ist das Ähnlichkeitsgesetz für die Stauwand gut erfüllt.

An Wehrkrone und Wehrrücken ist das bei Vernachlässigung der Reibung geltende Modellgesetz nicht mehr erfüllt, da bei dem kleinen Wehr die Reibung zu stark wirksam wird — vgl. Abb. 31 mit Abb. 34. Bei dem kleinen Wehr sind die Unter- und Überdrücke verhältnismäßig geringer als bei dem großen Wehr bei gleicher verhältnismäßiger Überfallhöhe, auch verschiebt sich die Stelle des größten Druckes.

Der Versuch mit dem Wehr $k = 0$ ($p_0 = 100$ mm) Abb. 35 kann wegen der erwähnten Abfräsung am Scheitel nicht als Ähnlichkeitsversuch zum Wehr $k = 0$ ($p_0 = 300$ mm) aufgefaßt werden.

Zum Schluß sei bemerkt, daß die Druckmessungen wegen der dafür nicht ausreichenden Genauigkeit der Wehrkörper nicht recht befriedigend sind; um genauere Ergebnisse zu erhalten, müßte man die Wehrkörper aus nichtrostendem Metall herstellen und sehr genau bearbeiten. Vorläufig kann aus den Versuchen nur geschlossen werden, daß man zur Sicherheit damit rechnen muß, daß der größte Unterdruck bei $h = h_{krit}$ etwa das 4fache der Überfallhöhe ist. Bei einer barometrischen Saughöhe von 10 m würde also bei einer wirklichen Ausführung für $h = h_{krit}$ Kavitation eintreten, wenn das Wehr so bemessen ist, daß $h_{krit} = 2,5$ m ist.

Vorgänge bei Zentrifugalpumpenanlagen nach plötzlichem Ausfallen des Antriebes.

Von Clifford Proctor Kittredge, B. Sc.

I. Einleitung.

Beim Betriebe von Zentrifugalpumpenanlagen muß fast immer mit der Möglichkeit gerechnet werden, daß der Antrieb plötzlich aufhört, sei es durch zufällige Unterbrechung der Stromzuführung zum Antriebsmotor oder sei es durch ungeschicktes Vorgehen bei der Außerbetriebsetzung; es ist auch möglich, daß das Laufrad durch einen im Wasser befindlichen Fremdkörper zum plötzlichen Stillstand gebracht wird. Als Folge des plötzlichen Ausfallens des Antriebes können besonders bei Anlagen mit langen Druckrohrleitungen Wasserschläge auftreten. Bisweilen wird als Ursache der Wasserschläge das verspätete Schließen eines in die Leitung eingeschalteten Rückschlagventils angesehen. Indessen ist das nicht immer der Grund; denn diese Erscheinung kommt auch bei Anlagen ohne Rückschlagventile vor. Zwar pflegen Wasserschläge aufzutreten, wenn diese Ventile sich zu langsam schließen, aber das Ventil ist nicht notwendigerweise die Ursache davon.

Nach D. Thoma[1]) hat eine Unterbrechung der Kraftlieferung die nachstehenden Folgen: „Wenn die Anlaufzeit der Leitung $\left(\dfrac{L \cdot v}{g \cdot H}\right.$, wobei $L =$ Länge der Leitung, $v =$ Wassergeschwindigkeit, $H =$ Förderhöhe$\left.\right)$ groß ist im Vergleich zu der Anlaufzeit der Pumpe $\left(= J \cdot \dfrac{\omega}{M}\right.$, wobei $J =$ Trägheitsmoment des Pumpenlaufrades und der mit ihm gekuppelten Teile, $\omega =$ Winkelgeschwindigkeit, $M =$ Drehmoment der Pumpe$\left.\right)$, dann nimmt nach dem plötzlichen Ausfallen des Antriebes die Umlaufzahl der Pumpe viel schneller ab als die Wassermenge: die lange Wassersäule in der Druckrohrleitung wird durch ihre Trägheit vorgetrieben und die zu langsam umlaufende Pumpe hört nicht nur auf in der Förderrichtung zu drücken, sondern setzt dem Durchfluß sogar einen Widerstand entgegen, sie hat vorübergehend eine negative Förderhöhe. Der Unterdruck im „Druckrohr" der Pumpe kann so groß werden, daß die Wassersäule dort unter Hohlraumbildung abreißt. Bei dem alsbald eintretenden Zurückströmen der Wassersäule entsteht dann ein harter Stoß."

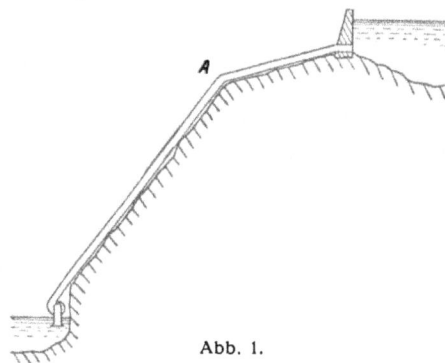

Abb. 1.

Nach einem plötzlichen Versagen des Antriebes wird die Wassersäule in der Druckrohrleitung durch den Durchflußwiderstand der Pumpe verzögert, bis der Durchfluß aufgehört hat; dann wird sie in der entgegengesetzten Richtung beschleunigt. Die Verzögerung der Wassersäule führt eine Druckverminderung herbei, die so stark sein kann, daß der Druck an gewissen Stellen unter den Atmosphärendruck sinkt, unter Umständen so weit, daß die Rohre eingebeult werden oder Kavitation mit nachfolgendem Wasserschlag auftritt. Bei einer nach Abb. 1 angeordneten Anlage ist der Knickpunkt A durch diese Erscheinungen am meisten gefährdet. Wenn die Rohrleitung im Aufriß gerade oder in einem der Abb. 1 entgegengesetzten Sinne abgebogen ist, tritt der größte

---

[1]) Mitteilungen des Hydraulischen Instituts der Technischen Hochschule München, Heft IV, Seite 102.

Unterdruck am unteren Ende der Leitung auf. Diese Erscheinungen können weder durch Rückschlagventile noch durch ein automatisch betätigtes Drosselorgan verhindert werden, weil — wie sich später zeigen wird — der niedrigste Druck in der Regel bereits vor der Umkehr der Strömungsrichtung eintritt. Derartige Einrichtungen können nur die nach der Strömungsumkehr auftretenden, aus anderen Gründen bedenklichen Erscheinungen günstig beeinflussen. Wenn sie fehlen, läuft nach der Umkehr der Strömung die Pumpe als Turbine.

Die Drehzahl steigt dabei, besonders bei guten Pumpen, über die Normaldrehzahl, sodaß unter Umständen der Rotor des Antriebsmotors durch Zentrifugalkräfte gefährdet wird. Bisher nahm man an, daß die Drehzahl nicht weiter als bis zu derjenigen Durchgangsdrehzahl steigt, die der um die Reibungshöhe verminderten geodätischen Förderhöhe entspricht. Die vorliegende Untersuchung wird zeigen, daß die Drehzahl infolge der dynamischen Drucksteigerungen in der Leitung im allgemeinen vorübergehend noch höher wird.

Wenn das Wasserbecken am oberen Ende der Leitung nicht zu klein ist, wird der entgegengesetzte Durchfluß andauern, bis ein Absperrschieber geschlossen werden kann oder der Antriebsmotor wieder eingeschaltet wird. Dieses letztere Vorgehen kann aber ebenfalls gefährliche Drucksteigerungen verursachen.

Um alle diese Vorgänge rechnerisch zu erfassen und vorauszusagen, kann man sich eines Verfahrens bedienen, dessen Grundzüge von D. Thoma angegeben worden sind und welches in der vorliegenden Arbeit im einzelnen dargelegt ist. Zur Durchführung der Rechnungen muß man die hydraulischen Eigenschaften der Pumpe auch in abnormalen Betriebszuständen (Rückströmung, Rückdrehung) kennen. Über die Versuche, die der Verfasser an einer kleinen Pumpe zu diesem Zweck ausgeführt hat, hat D. Thoma in der erwähnten Abhandlung bereits berichtet; ihre Ergebnisse sind in der vorliegenden Arbeit in einer für die praktische Durchführung der Rechnung besonders geeigneten Form dargestellt und für die Auswertung einer systematisch geordneten Reihe von Beispielen benutzt worden; schließlich wird über Versuche berichtet werden, die mit vervollkommneten Einrichtungen an einer größeren, hydraulisch vorzüglichen Pumpe angestellt worden sind. Wenn auch nicht verkannt werden darf, daß andere Pumpenbauarten sich etwas anders verhalten werden, so läßt sich doch auf Grund der jetzt vorliegenden Ergebnisse ein Bild darüber gewinnen, welches Verhalten man von Zentrifugalpumpen in abnormalen Betriebszuständen etwa zu erwarten hat.

II. Grundgleichungen.

A. Ableitung der Grundgleichungen.

Um die Änderungen in H, Q und n nach einem plötzlichen Versagen des Pumpenantriebes rechnerisch zu verfolgen, hat man davon auszugehen, daß für eine gegebene Pumpe (bei der Vernachlässigung der kleinen Änderungen der Einwirkung der Wasserzähigkeit und unter der Voraussetzung, daß in der Pumpe keine Kavitation auftritt) die Werte $\frac{H_p}{n^2}$ und $\frac{M}{n^2}$ nach dem Ähnlichkeitsgesetz nur von $\frac{Q}{n}$ abhängig sind. (H_p = Förderhöhe der Pumpe, M = vom Wasser auf das Laufrad übertragenes Drehmoment, Q = Wassermenge, n = Drehzahl.) Die im Beharrungszustande vor dem Ausfallen des Antriebes vorhandenen Werte seien mit $H_{p\,norm}$, M_{norm}, Q_{norm} und n_{norm} bezeichnet; $H_{p\,norm}$, M_{norm} und Q_{norm} werden in der Regel mit den Werten, die bei n_{norm} den besten Pumpenwirkungsgrad ergeben, zusammenfallen oder wenigstens nicht stark von ihnen abweichen. Vom Augenblick des Ausfallens des Antriebes ab ist das Drehmoment des Pumpenmotors = 0, so daß nur das Drehmoment M auf die rotierenden Teile wirkt. M soll positiv sein, wenn es im gleichen Sinne wirkt wie im normalen Betriebszustand. Bezeichnet man mit ω die Winkelgeschwindigkeit und mit J das Trägheitsmoment der rotierenden Teile und die Zeit mit t, so darf man bei Vernachlässigung der Lagerreibungen schreiben:

$$\frac{d\omega}{dt} = -\frac{M}{J} \qquad \ldots \ldots \ldots \ldots \ldots \ldots \ldots \ldots \text{(1)}$$

Die Kraft, die die Wassersäule in der Druckrohrleitung verzögert, ist:

$$(H_{statisch} + H_{reibung} - H_p)\, \gamma \cdot f$$

($\gamma =$ spezifisches Gewicht des Wassers, $f =$ Querschnittsfläche der Rohrleitung.) Die verzögerte Masse ist $\dfrac{\gamma \cdot L \cdot f}{g}$ ($L =$ Länge der Leitung, $g =$ Erdbeschleunigung). Die Verzögerung der Masse ist $-\dfrac{dv}{dt}$ ($v =$ Wassergeschwindigkeit).

Aus dem dynamischen Grundgesetz folgt:

$$\frac{\gamma \cdot L \cdot f}{g} \cdot \left(- \frac{dv}{dt}\right) = (H_{statisch} + H_{reibung} - H_p)\, \gamma \cdot f.$$

Setzt man

$$\frac{dQ}{dt} = f \cdot \frac{dv}{dt}$$

ein, so erhält man:

$$\frac{dQ}{dt} = \frac{g \cdot f}{L} (H_p - H_{reibung} - H_{statisch}) \quad \ldots \ldots \ldots \ldots \quad (2)$$

Bei dem dieser Gleichung zugrunde liegenden Ansatz ist die Elastizität der Leitungsrohre und des Wassers vernachlässigt worden. Es wurde dadurch zugelassen, daß die Folgerungen für sehr lange Leitungen nicht mehr gelten. Bei Berücksichtigung der Elastizität würden die Rechnungen viel verwickelter werden, und die Anwendung der Ergebnisse einer einmal durchgeführten Rechnung auf andere Fälle würde nur möglich sein, wenn auch die Laufzeit der Druckwelle einer bestimmten Ähnlichkeitsbeziehung genügt. Bei Beschränkung auf kurze Leitungen (Laufzeit der Druckwelle $<<$ Anlaufzeit der Pumpe) ist die Elastizität ohne wesentlichen Einfluß, und für diesen Bereich können praktisch wichtige Aussagen von allgemeiner Gültigkeit gemacht werden.

Aus den Differentialgleichungen (1) und (2) kann man den Verlauf von H, Q und n durch stufenweise Integration ermitteln. Man hat dazu bei jeder Stufe M und H_p aus der Pumpencharakteristik, z. B. Abb. 2 zu entnehmen, wobei man die Annahme macht, daß M und H_p ebenso groß sind wie sie in einem Beharrungszustande bei denselben Werten von Q und n sein würden; diese Annahme ist zulässig, weil die Zeit, die ein Wasserteilchen braucht um das Laufrad zu durchströmen, so kurz ist, daß sich während dieser Zeit Q und n nicht merklich ändern. Hinsichtlich der Reibung genügt es, eine quadratische Abhängigkeit von der Wassermenge zugrunde zu legen, also

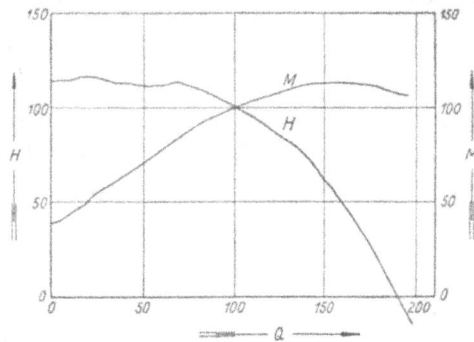

Abb. 2. Charakteristik der kleinen Pumpe.

$$H_{reibung} = \frac{Q^2}{Q^2_{norm}} \cdot (H_{p\,norm} - H_{statisch})$$

zu setzen.

Da die Stufenrechnung langwierig ist, entsteht der Wunsch die Rechnung so anzulegen, daß die Ergebnisse einer einmal durchgeführten Rechnung möglichst allgemeiner Anwendung fähig sind. Dazu werden zweckmäßig die Gleichungen in dimensionsloser Form aufgestellt.

B. Grundgleichungen in dimensionsloser Form.

Bezeichnet man die Anlaufzeit der Pumpe mit $T_p = \dfrac{J \cdot \omega_{norm}}{M_{norm}}$ und die Anlaufzeit der Rohrleitung[1]) mit $T_r = \dfrac{L \cdot Q_{norm}}{f \cdot g \cdot H_{p\,norm}}$, dann kann man die Gleichung (1) schreiben:

[1]) Bei Leitungen mit Durchmesserabstufungen ist $T_r = \dfrac{Q_{norm}}{g \cdot H_{p\,norm}} \cdot \Sigma \dfrac{\Delta L}{f}$.

$$\frac{d\left(\dfrac{\omega}{\omega_{norm}}\right)}{d\left(\dfrac{t}{T_p}\right)} = -\frac{M \cdot J \cdot \omega_{norm}}{J \cdot \omega_{norm} \cdot M_{norm}} = -\frac{M}{M_{norm}} \quad \text{und Gleichung (2)}$$

$$\frac{d\left(\dfrac{Q}{Q_{norm}}\right)}{d\left(\dfrac{t}{T_r}\right)} = (H_p - H_{reibung} - H_{statisch})\left(\frac{g \cdot f}{L}\right)\frac{L \cdot Q_{norm}}{f \cdot g \cdot H_{p\,norm} \cdot Q_{norm}} = \frac{(H_p - H_{reibung} - H_{statisch})}{H_{p\,norm}}.$$

Bezeichnet man weiter

$$\frac{\omega}{\omega_{norm}} = v, \quad \frac{M}{M_{norm}} = m, \quad \frac{H_p}{H_{p\,norm}} = h \quad \text{und} \quad \frac{Q}{Q_{norm}} = q,$$

so lassen sich die obigen Gleichungen folgendermaßen schreiben:

$$\frac{d\,v}{d\left(\dfrac{t}{T_p}\right)} = -m \quad \dots \dots \dots \dots \dots \text{(3)}$$

$$\frac{d\,q}{d\left(\dfrac{t}{T_r}\right)} = \left(h - \frac{H_{reibung}}{H_{p\,norm}} - \frac{H_{statisch}}{H_{p\,norm}}\right). \quad \dots \dots \dots \dots \text{(4)}$$

$H_{statisch}$ wird als konstant angenommen. Setzt man ferner das Verhältnis der Reibungshöhe im Normalbetrieb zu der Pumpenförderhöhe bei Normalbetrieb gleich k, so gilt allgemein

$$\frac{H_{reib}}{H_{p\,norm}} = k \cdot q^2.$$

(Das Vorzeichen vor $k \cdot q^2$ muß bei Rückströmung in allen Gleichungen umgekehrt werden.) Berücksichtigt man noch, daß $H_{statisch} = H_{p\,norm} - H_{reib\,norm}$ ist, dann geht Gleichung (4) über in

$$\frac{d\,q}{d\left(\dfrac{t}{T_r}\right)} = h - k \cdot q^2 - (1 - k) \quad \dots \dots \dots \dots \dots \text{(5)}$$

Gl. (3) gibt die Ableitung von v nach $\dfrac{t}{T_p}$, Gl. (5) die Ableitung von q nach $\dfrac{t}{T_r}$. Für die Stufenrechnung ist es erwünscht in beiden Gleichungen dieselbe unabhängige Veränderliche zu haben, was man z. B. dadurch erreicht, daß man in Gl. (3) $\dfrac{d\,v}{d\left(\dfrac{t}{T_p}\right)}$ durch $\left[\dfrac{T_p}{T_r}\right]\dfrac{d\,v}{d\left(\dfrac{t}{T_r}\right)}$ ersetzt. Die im folgenden Abschnitt behandelte Stufenrechnung hat also an die beiden folgenden Gleichungen anzuknüpfen:

$$\frac{d\,q}{d\left(\dfrac{t}{T_r}\right)} = h - k \cdot q^2 - (1 - k) \quad \dots \dots \dots \dots \dots \text{(5)}$$

$$\frac{d\,v}{d\left(\dfrac{t}{T_r}\right)} = -\left(\frac{T_r}{T_p}\right) \cdot m \quad \dots \dots \dots \dots \dots \text{(6)}$$

Für eine gegebene Abhängigkeit zwischen $\dfrac{h}{v^2}$ und $\dfrac{q}{v}$ und zwischen $\dfrac{m}{v^2}$ und $\dfrac{q}{v}$ — also für alle Pumpen derselben Bauform, die vor dem Ausfallen mit demselben Punkte der Charakteristik, z. B. mit dem Höchstwirkungsgrade, betrieben wurden — ergeben die Gleichungen (5) und (6) eine doppelte Mannigfaltigkeit von Lösungen entsprechend den beiden Parametern $\dfrac{T_r}{T_p}$ und k.

III. Stufenrechnungsverfahren.

A. Einfaches Verfahren.

Es wird angenommen, daß die Pumpe vor der Abschaltung des Motors mit dem bei der Auftragung von Abb. 3 als normal zugrunde gelegten Betriebszustand arbeitete. Im Augenblicke der Abschaltung, $t = 0$, ist somit $h = 1$, $v = 1$, $q = 1$ und $m = 1$. Nach der Abschaltung gelten Gl. (5) und (6), die mit den angegebenen Werten von h, v usw. für $t = 0$ ergeben:

$$\left[\frac{dv}{d\left(\frac{t}{T_r}\right)}\right]_0 = -\frac{T_r}{T_p} \quad \text{und} \quad \left[\frac{dq}{d\left(\frac{t}{T_r}\right)}\right]_0 = 0.$$

Für die Durchführung der Stufenrechnung sollen die Stufen τ der unabhängigen Veränderlichen $\frac{t}{T_r}$ so klein gewählt werden, daß die Veränderungen von $\frac{dv}{d\left(\frac{t}{T_r}\right)}$ und $\frac{dq}{d\left(\frac{t}{T_r}\right)}$ während einer Stufe vernachlässigt werden dürfen.

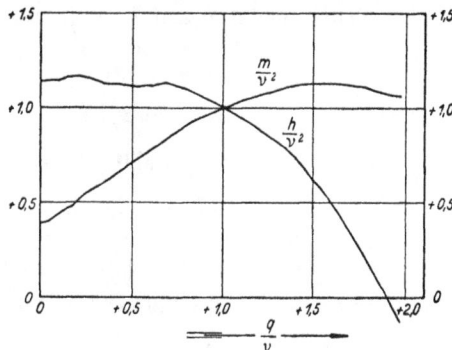

Abb. 3. Bezogene Charakteristik der kleinen Pumpe.

Bezeichnet man den Wert von v bei $\frac{t}{T_r} = \tau$ mit v_1, bei $\frac{t}{T_r} = 2\,\tau$ mit v_2 usw. und entsprechend bei q_1, m_1 und h_1, so erhält man für $\frac{t}{T_r} = \tau$

$$v_1 = 1 - \tau \cdot \frac{T_r}{T_p} \quad \text{und} \quad q_1 = 1.$$

Daraus errechnet man für $\frac{t}{T_r} = \tau$ den Zahlenwert von

$$\frac{q_1}{v_1} = \frac{1}{1 - \tau \cdot \frac{T_r}{T_p}}.$$

Aus Abb. 3 erhält man für diese Abszisse die Werte $\left(\frac{h}{v^2}\right)_1$ und $\left(\frac{m}{v^2}\right)_1$ und durch Multiplikation mit dem bekannten v_1^2 die Werte von h_1 und m_1 selbst. Für $\frac{t}{T_r} = \tau$ erhält man aus den Gl. (5) und (6)

$$\left[\frac{dv}{d\left(\frac{t}{T_r}\right)}\right]_1 = -m_1\left(\frac{T_r}{T_p}\right) \quad \text{und} \quad \left[\frac{dq}{d\left(\frac{t}{T_r}\right)}\right]_1 = h_1 - k - 1 + k = -(1 - h_1).$$

Für $\frac{t}{T_r} = 2 \cdot \tau$ erhält man somit

$$v_2 = v_1 - \tau \cdot m_1 \cdot \frac{T_r}{T_p} \quad \text{und} \quad q_2 = q_1 - \tau\,(1 - h_1) = 1 - \tau\,(1 - h_1).$$

Daraus errechnet man für $\frac{t}{T_r} = 2 \cdot \tau$ den Zahlenwert von $\left(\frac{q}{v}\right)_2$.

Aus Abb. 3 erhält man für diese Abszisse die Werte $\left(\frac{h}{v^2}\right)_2$ und $\left(\frac{m}{v^2}\right)_2$ und durch Multiplikation mit dem bekannten v_2^2 die Werte von h_2 und m_2 selbst.

Für $\frac{t}{T_r} = 2 \cdot \tau$ erhält man aus den Gl. (5) und (6)

$$\left[\frac{dv}{d\left(\frac{t}{T_r}\right)}\right]_2 = -m_2 \cdot \left(\frac{T_r}{T_p}\right) \quad \text{und} \quad \left[\frac{dq}{d\left(\frac{t}{T_r}\right)}\right]_2 = h_2 - k \cdot q_2^2 - 1 + k.$$

Der Wert von k ist aus den Daten der Rohrleitungen bekannt und ist gleich

$$\frac{H_{p\,\text{norm}} - H_{\text{statisch}}}{H_{p\,\text{norm}}}.$$

Für $\frac{t}{T_r} = 3 \cdot \tau$ erhält man damit v_3 und q_3 ebenso wie vorhin und hat dann in gleicher Weise fortzufahren.

Zahlenbeispiel für den Fall $\frac{T_r}{T_p} = 4$ und $k = 0{,}20$:

$$\left[\frac{dv}{d\left(\frac{t}{T_r}\right)}\right]_0 = -4{,}000 \quad \text{und} \quad \left[\frac{dq}{d\left(\frac{t}{T_r}\right)}\right]_0 = 0{,}000.$$

τ wird zu $0{,}0025$ gewählt. Daraus

$$v_1 = 1 - 4 \cdot 0{,}0025 = 0{,}9900 \quad \text{und} \quad q_1 = 1{,}0000; \quad \left(\frac{q}{v}\right)_1 = 1{,}010.$$

Aus Abb. 3 folgt dafür $\left(\frac{h}{v^2}\right)_1 = 0{,}994$ und $\left(\frac{m}{v^2}\right)_1 = 1{,}002$.

Somit $h_1 = 0{,}994 \cdot (0{,}9900)^2 = 0{,}974$ und $m_1 = 1{,}002 \cdot (0{,}9900)^2 = 0{,}982$.

Daraus

$$\left[\frac{dv}{d\left(\frac{t}{T_r}\right)}\right]_1 = -4 \cdot 0{,}982 = -3{,}928 \quad \text{und}$$

$$\left[\frac{dq}{d\left(\frac{t}{T_r}\right)}\right]_1 = -(1 - 0{,}974) = -0{,}026.$$

$$v_2 = 0{,}9900 - 0{,}0025 \cdot 3{,}928 = 0{,}9802 \quad \text{und}$$

$$q_2 = 1{,}0000 - 0{,}0025 \cdot 0{,}026 = 0{,}9999.$$

$$\left(\frac{q}{v}\right)_2 = \frac{0{,}9999}{0{,}9802} = 1{,}020.$$

B. Durch Berücksichtigung der ersten Differenzen verbessertes Verfahren.

Bei der gegebenen Rechenvorschrift wurde für $\frac{dv}{d\left(\frac{t}{T_r}\right)}$ und $\frac{dq}{d\left(\frac{t}{T_r}\right)}$ bei jeder Stufe derjenige Wert genommen, der bei Beginn der Stufe vorhanden war; tatsächlich sind jedoch die Mittelwerte der beiden Differentialquotienten im Bereich der Stufe für die Veränderungen von v und q maßgebend. Der Fehler läßt sich durch Verkleinerung von τ beliebig herabdrücken; aber um die Rechnung nicht zu langwierig zu gestalten darf man τ nicht zu klein wählen. Man kann dann die Rechnung verschärfen, wenn man die während der Stufe zu erwartende Veränderung der Differentialquotienten auf Grund der während der vorhergehenden Stufe eingetretenen Veränderung beurteilt. Man hat dazu für den Übergang von $\frac{t}{T_r} = n \cdot \tau$ auf $\frac{t}{T_r} = (n+1) \cdot \tau$ dem berechneten Wert des Differentialquotienten die Hälfte der Änderung zuzuschlagen, die er von $\frac{t}{T_r} = (n-1) \cdot \tau$ bis $\frac{t}{T_r} = n \cdot \tau$ erfahren hat. Beispielsweise würde man bei den in der Zahlentafel I angegebenen Zahlenwerten zur Bildung von v_3 zu dem Werte $v_2 = 0{,}9802$ den Wert

$$0{,}0025 \cdot \left(-3{,}928 + \frac{1}{2} \cdot (-3{,}928 + 4{,}000)\right)$$

zuzuzählen haben. Um dieses Verfahren praktisch durchzuführen, werden die Werte

$$\left[\frac{dv}{d\left(\frac{t}{T_r}\right)}\right]_n - \left[\frac{dv}{d\left(\frac{t}{T_r}\right)}\right]_{(n-1)} \quad \text{und} \quad \left[\frac{dq}{d\left(\frac{t}{T_r}\right)}\right]_n - \left[\frac{dq}{d\left(\frac{t}{T_r}\right)}\right]_{(n-1)}$$

als erste Differenzen Δ_1 je in eine besondere Spalte hinter der Spalte für $\dfrac{d v}{d\left(\dfrac{t}{T_r}\right)}$ bzw. $\dfrac{d q}{d\left(\dfrac{t}{T_r}\right)}$ aufgenommen.

Zahlentafel I.

Nr.	$\dfrac{t}{T_r}$	v	$\dfrac{d v}{d\left(\dfrac{t}{T_r}\right)}$	q	h	$k \cdot q^2$	$\dfrac{d q}{d\left(\dfrac{t}{T_r}\right)}$	$\dfrac{q}{v}$
0	0	1,0000	— 4,000	1,0000	1,000	— 0,2000	0,000	1,000
1	0,0025	0,9900	— 3,928	1,0000	0,974	— 0,2000	— 0,026	1,010
2	0,0050	0,9802	— 3,851	0,9999	0,950	— 0,2000	— 0,050	1,020
3	0,0075	0,9706	— 3,783	0,9998	0,926	— 0,2000	— 0,074	1,030
4	0,0100	0,9611	— 3,724	0,9996	0,903	— 0,1999	— 0,097	1,040

Aus der Zahlentafel II, welche den Anfang einer in dieser Weise durchgeführten Rechnung für das der Zahlentafel I zugrunde liegende Beispiel zeigt, ist die Verschärfung der Rechnungsergebnisse ersichtlich.

Zahlentafel II.

Nr.	$\dfrac{t}{T_r}$	v	$\dfrac{d v}{d\left(\dfrac{t}{T_r}\right)}$	Δ_1	q	h	$k \cdot q^2$	$\dfrac{d q}{d\left(\dfrac{t}{T_r}\right)}$	Δ_1	$\dfrac{q}{v}$
0	0	1,0000	— 4,000		1,0000	1,000	— 0,2000	0,000		1,000
1	0,0025	0,9900	— 3,928	+ 0,072	1,0000	0,974	— 0,2000	— 0,026	— 0,026	1,010
2	0,0050	0,9803	— 3,852	+ 0,076	0,9999	0,950	— 0,2000	— 0,050	— 0,024	1,020
3	0,0075	0,9708	— 3,785	+ 0,067	0,9997	0,926	— 0,1999	— 0,074	— 0,024	1,030
4	0,0100	0,9614	— 3,727	+ 0,058	0,9995	0,904	— 0,1998	— 0,096	— 0,022	1,040

Wenn man die Stufenrechnung weiterführt, kommt man bald auf die Stelle, wo entweder h oder q negativ werden und sich dabei nicht mehr aus Abb. 3 ermitteln lassen, d. h. man gelangt in den Bereich der abnormalen Betriebszustände, die durch die gewöhnliche Pumpencharakteristik nicht umfaßt werden. Deshalb war es nötig neue Untersuchungen durchzuführen mit Hilfe einer besonderen Versuchseinrichtung, die so gebaut war, daß alle möglichen Strömungszustände in einer Kreiselpumpe bequem untersucht werden konnten.

Zahlentafel III.

Nr.	$\dfrac{t}{T_r}$	v	$\dfrac{d v}{d\left(\dfrac{t}{T_r}\right)}$	Δ_1	Δ_2	q	h	$k \cdot q^2$	$\dfrac{d q}{d\left(\dfrac{t}{T_r}\right)}$	Δ_1	Δ_2	$\dfrac{q}{v}$
0	0	1,0000	— 4,000			1,0000	1,000	— 0,2000	0,000			1,000
1	0,0025	0,9900	— 3,928	+ 0,072		1,0000	0,974	— 0,2000	— 0,026	— 0,026		1,010
2	0,0050	0,9803	— 3,852	+ 0,076	+ 0,004	0,9999	0,950	— 0,2000	— 0,050	— 0,024	— 0,002	1,020
3	0,0075	0,9708	— 3,785	+ 0,067	— 0,009	0,9997	0,926	— 0,1999	— 0,074	— 0,024	0,000	1,030
4	0,0100	0,9614	— 3,727	+ 0,058	— 0,009	0,9995	0,904	— 0,1998	— 0,096	— 0,022	— 0,002	1,040

C. Durch Berücksichtigung auch der zweiten Differenzen verbessertes Verfahren.

Sollte es erwünscht sein, eine weitere Verschärfung der Rechnungsergebnisse zu erzielen ohne zu kleine Stufen wählen zu müssen, so kann man noch die zweiten Differenzen (Δ_2) mit Hilfe der folgenden Gleichung berücksichtigen (z. B. für $v_{(n+1)}$):

$$v_{(n+1)} = v_n + \tau \left\{ \left[\frac{d v}{d\left(\dfrac{t}{T_r}\right)} \right]_n + \frac{\Delta_1}{2} + \frac{5\,\Delta_2}{12} \right\} \quad \cdots \cdots \cdots \cdots \quad (7)$$

Δ_2 für die durch $n \cdot \tau$ gegebene Zeit ist dabei definiert als $\Delta_{1n} - \Delta_{1\,(n-1)}$, also als Unterschied der ersten Differenzen. Hinsichtlich der Begründung des Faktors $\dfrac{5}{12}$ in der obigen Gleichung und hinsichtlich der im folgenden Absatz gegebenen Anweisung darf auf eine frühere Abhandlung von D. Thoma verwiesen werden[1]). Sobald sich die Differenzen erheblich verkleinern, kann man die Arbeit durch Annahme größerer Stufen beschleunigen.

Wenn man bei $\frac{t}{T_r} = n \cdot \tau$ auf eine s mal so große Stufe übergeht und den bei $\frac{t}{T_r} = (n+s) \cdot \tau$ vorhandenen Wert von v mit $v_{(n+1)}$, den bei $\frac{t}{T_r} = (n+2s) \cdot \tau$ vorhandenen Wert mit $v_{(n+2)}$ bezeichnet, hat man dabei folgende Übergangsgleichung zu benutzen:

$$v_{(n+1)} = v_n + s \cdot \tau \left\{ \left[\frac{dv}{d\left(\frac{t}{T_r}\right)} \right]_n + s \left(\frac{\Delta_1}{2} + \frac{\Delta_2}{4} \right) + s^2 \left(\frac{\Delta_2}{6} \right) \right\} \quad \ldots \ldots \ldots (8)$$

Die Rechnung geht weiter mit der Stufe $s \cdot \tau$. Um die Differenzen Δ_1 und Δ_2 für die beiden folgenden Stufen bequem ermitteln zu können, muß s als ganze Zahl angenommen werden.

IV. Versuche mit einer kleinen Pumpe.[2])

Eine Reihe von Versuchen wurden mit einer schon seit längerer Zeit im Institut vorhandenen kleinen hydraulisch nicht sehr guten Pumpe durchgeführt. Die Pumpe war mit einem Gleichstrommotor direkt gekuppelt. Die Regelung der Drehzahl geschah mit Hilfe eines am Motoranker angebrachten Widerstandes; durch Umpolung des Motorankers konnte die Drehrichtung geändert werden. Das Wasser wurde der Pumpe aus dem Hochbehälter des Laboratoriums durch Leitungen zugeführt, in die Drosselschieber eingeschaltet waren. Die Anordnung der Rohre (Abb. 4) war

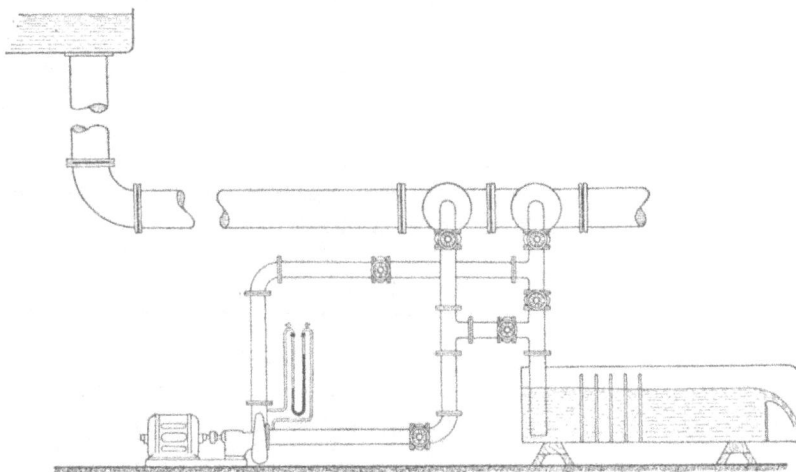

Abb. 4. Versuchsanordnung für die kleine Pumpe.

derart, daß das Wasser nach Belieben in jeder Richtung durch die Pumpe gedrückt werden und über ein scharfkantiges Meßwehr wieder abfließen konnte.

Obwohl die Güte der Anlage sehr genaue Messungen nicht erlaubte, geben doch die Ergebnisse die Eigenschaften der Pumpe genügend genau an. Die Wassermenge wurde mit der Rehbockschen Formel berechnet, während die Förderhöhen durch ein Quecksilber-Differentialmanometer gemessen wurden. Die der Pumpenwelle zugeführte Leistung bzw. die von ihr abgegebene Leistung wurde durch Messung der vom Motor aufgenommenen bzw. abgegebenen elektrischen Leistung bestimmt. Dabei wurde die Leistung der Lagerreibung abgezogen, die in späteren Versuchen bei

---

[1]) D. Thoma, „Beiträge zur Theorie des Wasserschlosses", R. Oldenbourg, München 1910.

[2]) Siehe auch „Vorgänge beim Ausfallen des Antriebes von Kreiselpumpen", D. Thoma, Mitteilungen des Hydraulischen Instituts der Technischen Hochschule München, Heft IV.

Drehung des Laufrades in der Luft bei der in Frage stehenden Drehzahl gemessen wurde. Die Ventilationsverluste des Pumpenlaufrades, die bei diesen nachträglichen Versuchen zu den Lagerverlusten hinzukommen, wurden als unerheblich vernachlässigt. Aus den so bestimmten, die Lagerreibungsverluste nicht enthaltenden Leistungsaufnahmen wurde das vom Laufrade auf das Wasser übertragene Drehmoment berechnet.

Als Grundlage für die Darstellung der Versuchsergebnisse wurden folgende Daten als „normal" festgesetzt: $Q_n = 9,19$ l/s, $H_n = 4,21$ m, $M_n = 0,508$ mkg, $n_n = 1060$ Uml/min und $\eta = 0,687$ (der Höchstwirkungsgrad bei 1060 Uml/min liegt bei 9,00 l/s und beträgt 69,0%). Für die Darstellung der Ergebnisse soll eine vom Saugrohre zum Druckrohr gehende Strömung ·als positiver Durchfluß, die entgegengesetzte als negativer Durchfluß bezeichnet werden. In gleicher Weise soll bei Drehung in der gewöhnlichen Richtung die Drehzahl als positiv, bei Drehung in entgegengesetzter Richtung als negativ bezeichnet werden. Die Versuche konnten nicht, wie sonst üblich, durchwegs mit gleichbleibender Drehzahl angestellt werden, da die hydraulischen Verhältnisse auch bei sehr kleiner Drehzahl und der Drehzahl Null — bei endlicher Durchflußmenge — festgestellt werden mußten; die sehr großen bzw. unendlichen Werte von $\frac{Q}{n}$ konnten natürlich nicht bei konstantem n erreicht werden. Deswegen wurde bei einem Teil der Versuche n, bei einem anderen Teil Q konstant gehalten und zur Veränderung von $\frac{Q}{n}$ entsprechend Q bzw. n geändert. Damit ergab sich folgende Anordnung der Versuche.

Tafel IV.

Vers. Nr.	Konstant gehalten wird	Geändert wird	Die Ergebnisse werden aufgetragen als Funktion von
1	$n = + n_n$	Q von $- Q_n$ bis auf $+ Q_n$	$\frac{Q}{n}$ bzw. $\frac{q}{v}$
2	$Q = + Q_n$	n von $+ n_n$ bis auf $- n_n$	$\frac{n}{Q}$ bzw. $\frac{v}{q}$
3	$n = - n_n$	Q von $+ Q_n$ bis auf $- Q_n$	$\frac{Q}{n}$ bzw. $\frac{q}{v}$
4	$Q = - Q_n$	n von $- n_n$ bis auf $+ n_n$	$\frac{n}{Q}$ bzw. $\frac{v}{q}$

Die Ergebnisse sind graphisch in Abb. 5 dargestellt und werden im Abschnitt VI näher erörtert.

V. Versuche mit einer großen Pumpe.

A. Versuchseinrichtung.

Nach der Durchführung der Versuche mit der kleinen Pumpe wurde im Erdgeschoß des Laboratoriums eine vervollkommnete Versuchseinrichtung (Abb. 6) aufgebaut. Die Versuche wurden an einer von der Firma J. M. Voith, Heidenheim, entgegenkommenderweise zur Verfügung gestellten Pumpe (Abb. 7) durchgeführt, die, wie sich bei den Versuchen herausstellte, ganz ausgezeichnete Wirkungsgrade hatte. Die Versuche bilden deswegen eine sehr wünschenswerte Ergänzung der an einer Pumpe mit verhältnismäßig niedrigen Wirkungsgraden angestellten Versuche. Die Pumpe und die zum Antrieb bzw. als Bremse dienende Pendeldynamo waren auf eine gemeinsame, aus Profileisen geschweißte Grundplatte aufgesetzt; Motor- und Pumpenwelle waren durch eine elastische Kupplung verbunden.

Die waagerechte Druckrohrleitung enthielt drei Drosselschieber F, G und H; das Wasser konnte aus ihr durch ein in der Nähe des Gerinnebodens liegendes waagerechtes durchlöchertes Blechrohr c in das Meßgerinne ausströmen. Die Saugleitung bestand aus zwei Teilen, einem waagerechten, unter dem Wasserspiegel des Unterkellers liegenden Hauptteil und einem kurzen senkrechten Stück zum Anschluß an die Pumpe. Der Hauptteil war mit dem Gleichrichter A, den

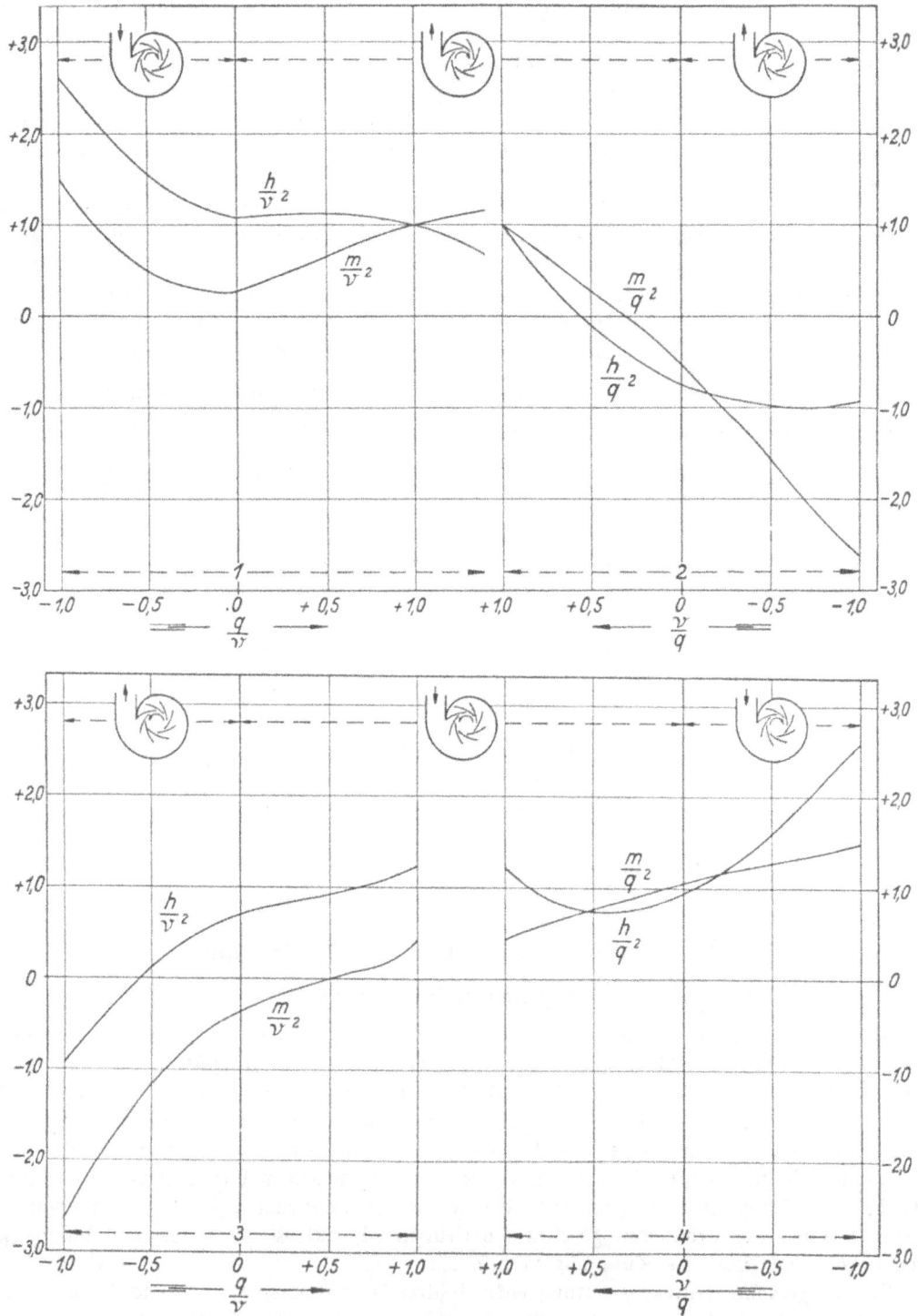

Abb. 5.   Ergebnisse der Versuche mit der kleinen Pumpe.

drei Drosselschiebern *B*, *C* und *D* und dem Saugkorb *E* versehen. Der Gleichrichter *A* war ein Rohrpaket aus einzölligen Rohren von je 400 mm Länge. Die Saugleitung konnte durch eine Verbindungsleitung *K* auch direkt mit dem Meßgerinne verbunden werden, wobei das Wasser

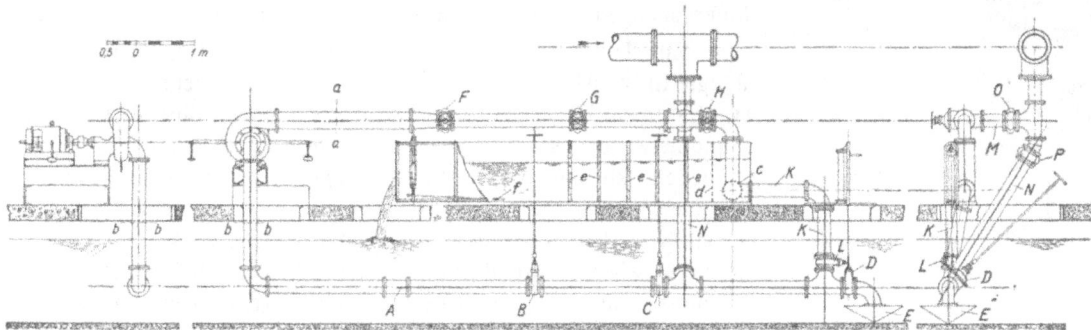

Abb. 6. Versuchseinrichtung für die große Pumpe.

durch das oben erwähnte durchlöcherte Rohr *c* ausfließt. Die Verbindungsleitung war mit einem Schieber *L*, der im Unterwasser liegt, ausgestattet. Zum Anschluß an die Hauptleitung vom Hochbehälter des Instituts dienten die Verbindungsleitungen *M* und *N* mit den Schiebern *O* und *P*; der Wasserspiegel im Hochbehälter lag etwa 17 m über der Pumpenwelle.

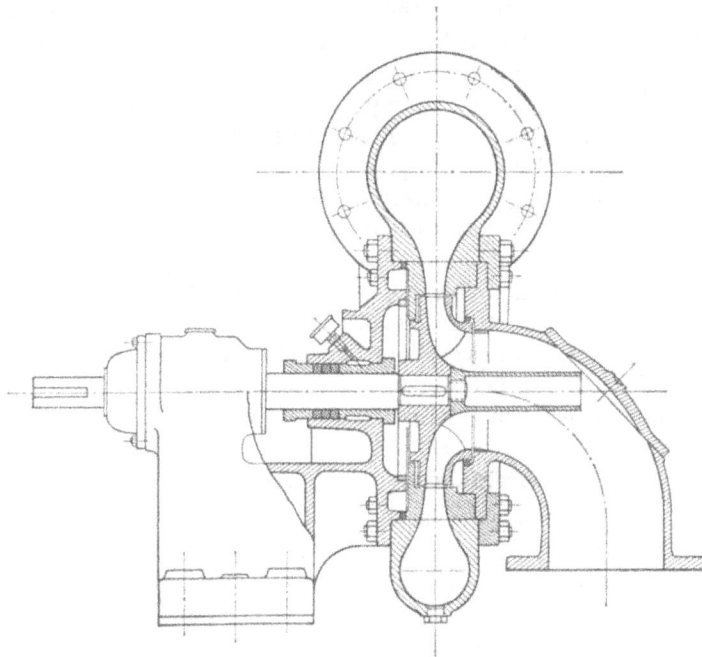

Abb. 7. Schnitt durch die große Versuchspumpe.

Die Wassermenge wurde durch einen Überfall ohne Seiteneinschnürung gemessen, wobei die Rehbockschen Überfallbeiwerte benutzt wurden. Das Meßgerinne war aus Stahlblech hergestellt, war 350 mm breit, 1 m hoch und ungefähr 6 m lang. Ein senkrecht stehendes gelochtes Blech *d* und 5 Holzrechen *e* dienten zur Beruhigung des Wasserstromes. Ein scharfkantiges Messingstaublech, 400 mm hoch, bildete die Wehrtafel; es war auf einer Hilfstafel, die auch das Gestell für die beiden Spitzentaster trägt, befestigt. Durch diese im Hydraulischen Institut übliche Anordnung wird der Einfluß der mit der Überfallhöhe veränderlichen elastischen Formänderungen des Gerinnes auf die Bestimmung der Überfallhöhe beseitigt. Die Taster waren mit einem 1,4 m oberhalb der Wehrtafel und 5 cm über dem Gerinneboden eingebauten strom-linienförmigen Druckentnahmerohr f verbunden.

Zur Druckmessung waren in die Druckleitung bei a, in die Saugleitung bei b je vier Meßbohrungen angebracht, die durch je ein Sammelrohr verbunden und an ein Quecksilber-Differential-manometer angeschlossen waren. Um das Manometer vor den schnellen kleinen Druckschwankungen in der Rohrleitung zu schützen, waren Kapillarröhren eingeschaltet. Abb. 8 zeigt zwei Arten von Kapillarröhrenausführungen. Zuerst wurde Type A benutzt; aber während einiger Versuche hat sich Luft in dem Gummischlauch unterhalb des Röhrchens gesammelt ohne im Ka-pillarrohr sichtbar zu werden. Um die Luftblasen sichtbar zu machen, wurde an das Ende des Kapillarrohres ein weites Glasrohr angeschmolzen (Type B). Etwaige Luftblasen werden nun sofort sichtbar und man hat es nicht mehr nötig aus Angst vor ihnen immer wieder durchzuspülen. Ein Dosenmanometer in der Höhe der Pumpenmittellinie gestattete die annähernde Bestimmung des Zulaufdrucks.

Zum Zwecke der Drehzahlmessung diente ein von der Welle angetriebenes Schneckengetriebe (Übersetzung 1 : 100), das einen elektrischen Kontakt betätigte, so daß mit Hilfe eines Band-chronographen und der Sekundensignale der Institutsuhr die Dreh-zahl genau bestimmt werden konnte. Als Hilfsinstrument diente ein Tachometer mit Riemenantrieb. Die Drehzahl wurde durch Widerstände im Ankerstromkreis und im Erregerkreis des Motors geregelt. Die Änderung der Drehrichtung erfolgte durch Umpolung des Ankers. Die Drehmomente wurden an der, wie er-wähnt, zum Antrieb bzw. als Bremse dienenden Pendeldynamo ausgewogen.

Mit dieser Versuchseinrichtung konnte eine befriedigende Genauigkeit bei fast allen Messungen erreicht werden. Bei einigen Versuchskurven ergab sich jedoch eine Unsicherheit des Drehmoments von $\pm 2\%$ des normalen Wertes infolge der wechselnden Reibung im Pumpenlager. Es gelang nicht diese Störung zu beseitigen. Deshalb war es bei diesen Versuchsreihen nötig die Versuche zu häufen, damit ein guter Mittelwert für jede Kurve festgestellt werden konnte; auch mußte die Lagerreibung sofort nach jeder Versuchsreihe möglichst sorgfältig bestimmt werden.

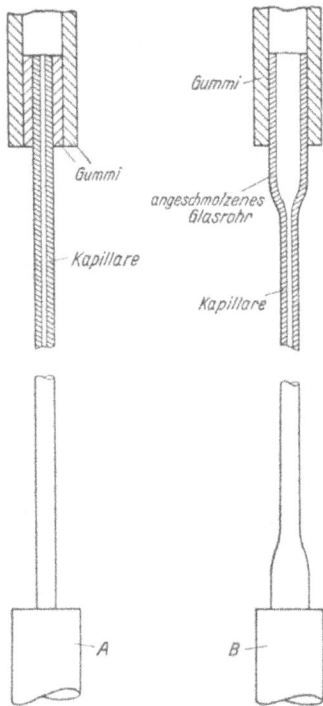

Abb. 8. Dämpfungskapillare.

B. Durchführung der Versuche.

Die Untersuchung von Kavitationserscheinungen in der Pumpe konnte nicht der Zweck der vorliegenden Arbeit sein, sie ist einer besonderen Arbeit vorbehalten. Es mußte deswegen danach getrachtet werden, das Auftreten von Kavitationen möglichst auszuschließen. Deswegen wurde die Maschine bei allen Versuchen mit ungedrosseltem Wasser aus dem Hochbehälter gespeist. Bei den Versuchsreihen mit positivem Durchfluß lief das Wasser durch das Rohr N zu. Die Schieber-stellungen waren dabei:

Ganz geöffnet	Ganz geschlossen	Drosselung
P, C, B	O, D, L	F, G, H

Bei den Versuchsreihen mit negativem Durchfluß wurde die Druckleitung mit dem Hoch-behälter durch das Rohr M verbunden; dabei waren die Schieberstellungen folgende:

Ganz geöffnet	Ganz geschlossen	Drosselung
O, G, F	H, P, D	B, C, L

Bei jedem Versuch wurde die Drehzahl von einem Beobachter mit Hilfe eines kleinen Widerstandes im Erregerstromkreis genau konstant erhalten; gleichzeitig wurden von einem anderen Beobachter die Manometer und die Spitzentaster abgelesen und das Drehmoment ausgewogen. Während der Zeit des Ablesens wurde die Gesamtzahl der Umdrehungen von dem Chronograph aufgeschrieben, woraus die genaue durchschnittliche Drehzahl ermittelt werden konnte. Nach Durchführung jeder Versuchsreihe wurde die Pumpe entleert und das Drehmoment der Lager- und Stopfbüchsenreibung bei verschiedenen Drehzahlen durch Leerlaufversuche bestimmt (das Drehmoment infolge Luftreibung des Pumpenlaufrades ist so klein, daß es unberücksichtigt bleiben durfte). Bei der Auswertung wurden die so ermittelten Reibungsmomente von den bei den Versuchen mit Wasser bestimmten Drehmomenten abgezogen.

C. Versuchsergebnisse.

Die ersten Versuche wurden gemacht zur Bestimmung der normalen Q-H-Kurven der Pumpe. Bei den Versuchen war die Drehzahl rund 700 Uml/min mit Abweichungen von ± 5 Uml/min. Die Ergebnisse wurden auf 700 Uml/min umgerechnet und sind in Abb. 9 dargestellt. Der beste hydraulische Wirkungsgrad, 84,1 %, tritt bei ungefähr 50 l/s ein.

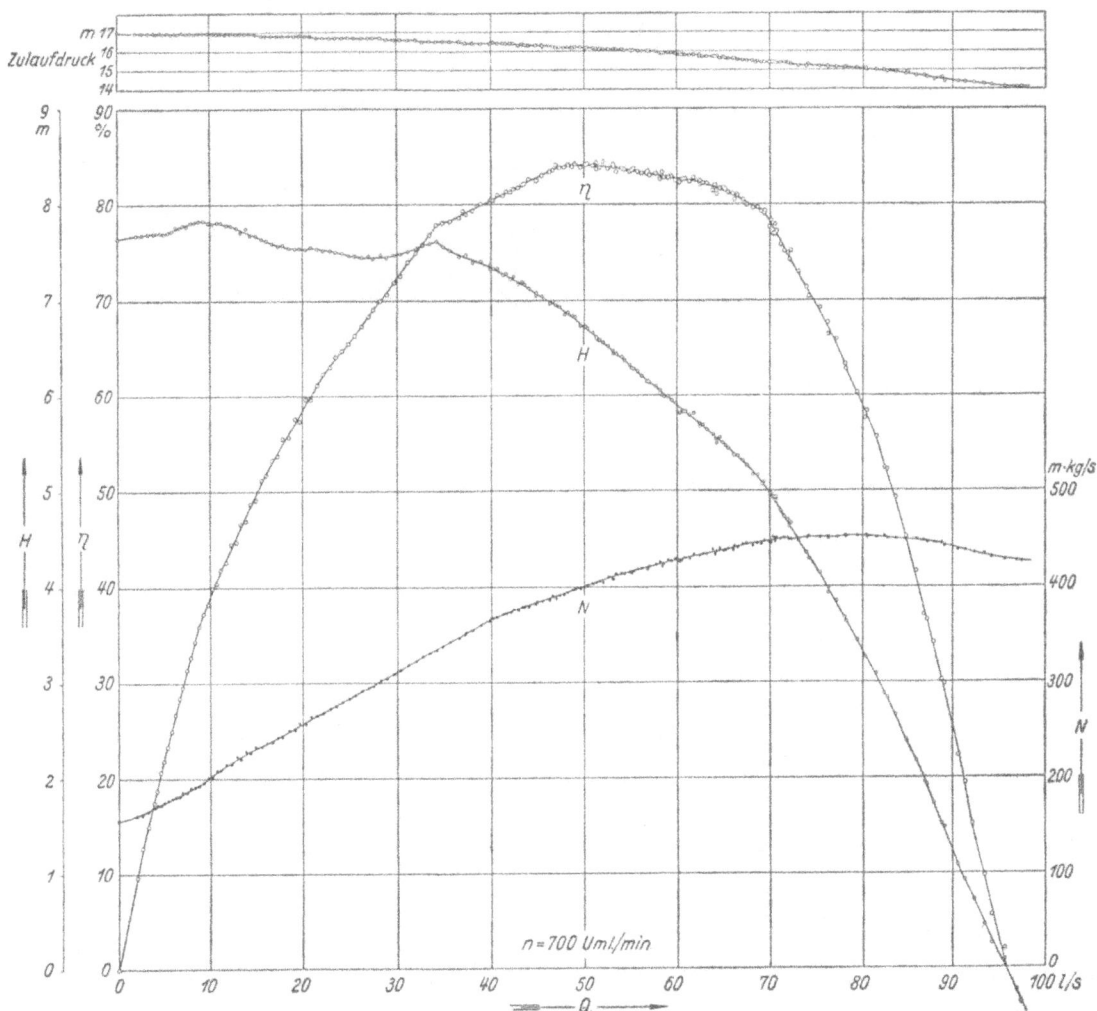

Abb. 9. Ergebnisse der Versuche mit der großen Pumpe bei Betrieb als Pumpe.

Nach Vollendung dieser Versuche wurden die hydraulischen Eigenschaften der Maschine hinsichtlich ihrer Wirkungsweise als Turbine untersucht. Diese Versuche wurden ebenfalls bei Drehzahlen von 700 ± 5 Uml/min angestellt; die auf 700 Uml/min umgerechneten Ergebnisse sind in Abb. 10 dargestellt. Der Höchstwirkungsgrad wird bei ungefähr 58 l/s erreicht und ist

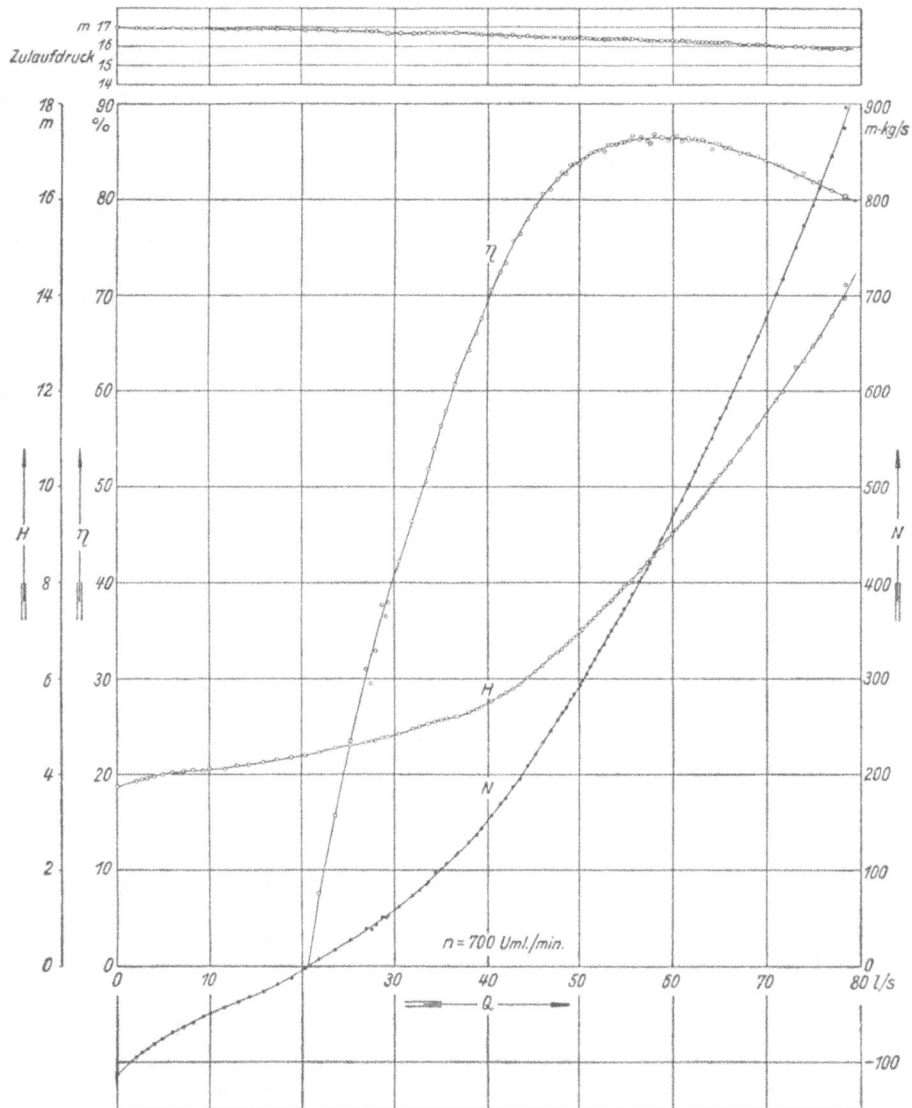

Abb. 10. Ergebnisse der Versuche mit der großen Pumpe bei Betrieb als Turbine.

überraschend hoch 86,2%. Dies weist auf die Möglichkeit hin eine solche Maschine bei Pumpspeicherwerken zu verwenden, wobei die benötigte Drehzahländerung durch Polschaltung des Generators erreicht würde. Die zu erwartende Zunahme des Wirkungsgrades bei einer großen Ausführung beträgt der Größenordnung nach etwa 4%, sodaß eine solche Maschine hinsichtlich des Höchstwirkungsgrades nicht viel hinter einer ohne Rücksicht auf die Verwendung als Pumpe gebauten Turbine zurückbleiben würde. Es muß aber bemerkt werden, daß bei der ausgeführten Turbine noch Verluste in dem erweiterten Teil des Saugrohres hinzukommen, der Wirkungsgrad also etwas geringer ausfallen würde als bei den vorliegenden Versuchen, bei denen für die Ausrechnung des Gefälles der Druck in dem nicht erweiterten Saugrohr zuzüglich der dort vorhandenen Geschwindigkeitshöhe zugrunde gelegt wurde.

Die Ergebnisse der Versuche bei abnormalen Betriebszuständen sind zusammen mit den oben erwähnten in Abb. 11 in dimensionsloser Form dargestellt; dafür werden als „normal" zugrunde gelegt: $Q_n = 50$ l/s, $H_n = 6,72$ m, $M_n = 5,45$ mkg, $n_n = 700$ Uml/min. Die Anordnung der Versuche entspricht der Tafel IV (S. 61). Die rechten Seiten des Teils 1 ($n = n_n$; Q positiv) und des Teils 3 ($n = -n_n$; Q negativ) in Abb. 11 beruhen auf den in Abb. 9 und 10 angegebenen Ergebnissen; deshalb war es unnötig, in diesen Bereichen die vielen einzelnen Versuchspunkte ein zweites Mal aufzuzeichnen. Bei den Versuchen wurde mit großer Sorgfalt vorgegangen, sodaß die Ergebnisse, die eine bemerkenswerte Ähnlichkeit mit den Ergebnissen der Versuche mit der kleinen Pumpe aufwiesen, zuverlässig sind.

VI. Vergleich der Versuchsergebnisse der großen und der kleinen Pumpe.

Bei dem Vergleich der Kurven (Abb. 5 und 11) soll deswegen nur auf die folgenden Unähnlichkeiten hingewiesen werden. In Teil 2 (linke Hälfte) Abb. 5 wird das Bremsmoment des Wassers gleich 0 bei $\frac{v}{q} = 0,31$, wobei $\frac{h}{q^2} = -0,39$ ist. Die entsprechenden Werte aus Abb. 11 bei $\frac{m}{q^2} = 0$ sind: $\frac{v}{q} = 0,32$ und $\frac{h}{q^2} = -0,37$. Die obigen Werte sind wichtig; denn für den gedachten Grenzfall, daß das Trägheitsmoment der Pumpe als Null angesehen werden kann ($T_p << T_r$), nimmt nach einem plötzlichen Versagen des Antriebes die Pumpe sofort die durch diese Werte von $\frac{v}{q}$ angegebene Drehzahl an — q ist dabei 1 — und der von der Pumpe dem Durchfluß entgegengesetzte Widerstand, der für das etwaige Abreißen der Wassersäule maßgebend ist, wird durch die zugehörigen Werte von $\frac{h}{q^2}$ angegeben; da in dem gedachten Grenzfalle die Drehzahl sofort auf jenen Wert hinabgeht, ist q noch gleich 1 dabei, wie erwähnt.

In dem Fall, daß das Laufrad durch eine mechanische Störung zum plötzlichen Stillstand gebracht wird, ist für den im ersten Augenblick auftretenden Durchflußwiderstand der Wert von $\frac{h}{q^2}$ bei $\frac{v}{q} = 0$ (Teil 2 der Abbildungen) maßgebend; aus Abb. 5 ergibt sich für $\frac{v}{q} = 0$ bei positivem Durchfluß $\frac{h}{q^2} = -0,75$, so daß der Widerstand 0,75 der normalen Förderhöhe ist; bei Abb. 11 ist der entsprechende Wert von $\frac{h}{q^2}$ gleich $-0,94$, sodaß ein plötzlicher Widerstand von $0,94 \cdot H_{pnorm}$ entsteht. Daraus geht ohne weiteres hervor, daß ein plötzlicher Stillstand des Laufrades sehr unerwünscht wäre.

Die Durchgangsdrehzahlen sind aus den Teilen 3 der Abb. 5 und 11 zu entnehmen. In Abb. 5 kreuzt die Drehmomentskurve die Nullachse bei $\frac{q}{v} = 0,50$, wobei $\frac{h}{v^2} = 0,915$ ist. Die Durchgangsdrehzahl unter normaler Förderhöhe ist deshalb das $\frac{1}{\sqrt{0,915}}$ fache, d. h. das 1,047 fache der Normaldrehzahl. Aus Abb. 11, Teil 3, ergeben sich bei $\frac{m}{v^2} = 0$ etwas andere Werte, nämlich $\frac{q}{v} = 0,413$ und $\frac{h}{v^2} = 0,654$; die Durchgangsdrehzahl unter normaler Förderhöhe ist deswegen das $\frac{1}{\sqrt{0,654}}$ = 1,234 fache der Normaldrehzahl. Daß die Durchgangsdrehzahlen besonders guter Zentrifugalpumpen meist ebenfalls besonders hoch sind, ist bereits bekannt.

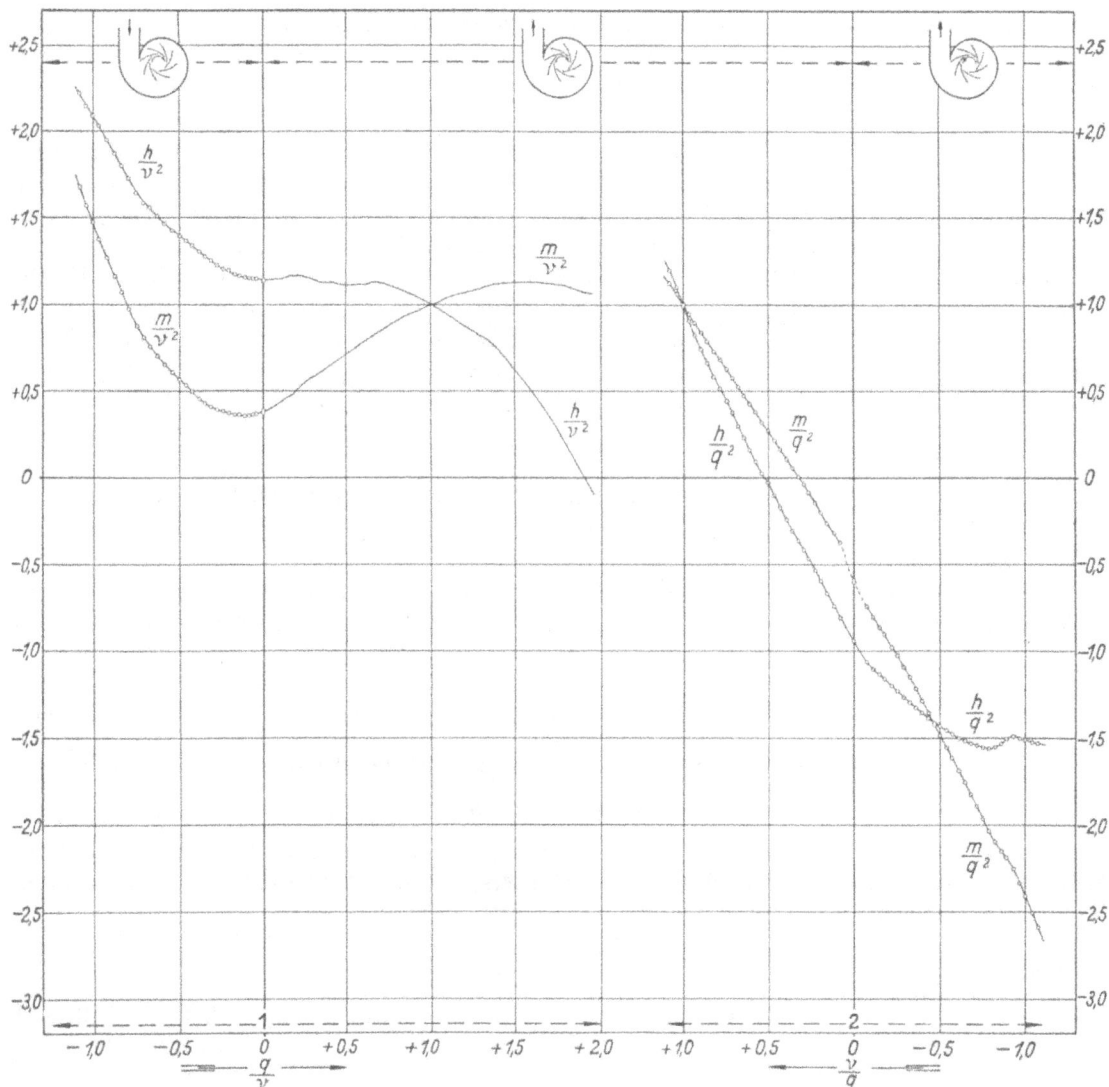

Abb. 11 a. Bezogene Ergebnisse der Versuche mit der großen Pumpe.

VII. Durchgerechnete Beispiele für die Vorgänge nach dem plötzlichen Abschalten des Antriebes.

Mit dem in Abschnitt III dargelegten Stufenrechnungsverfahren wurden unter Zugrundelegung der bei den Versuchen mit der kleinen Pumpe ermittelten und in Abb. 5 dargestellten Ergebnisse 11 Beispiele mit systematisch verschieden gewählten Werten der beiden für die Lösung maßgebenden Parameter $\frac{T_r}{T_p}$ und $k = \frac{H_{p\,norm} - H_{statisch}}{H_{p\,norm}}$ durchgerechnet. Die durchgerechneten Fälle sind in der Zahlentafel V angegeben.

Die Ergebnisse sind aus den Abb. 12—22 zu entnehmen. Man sieht, daß bei großen Werten von $\frac{T_r}{T_p}$ tatsächlich die Förderhöhe negativ wird (Abb. 21 und 22).

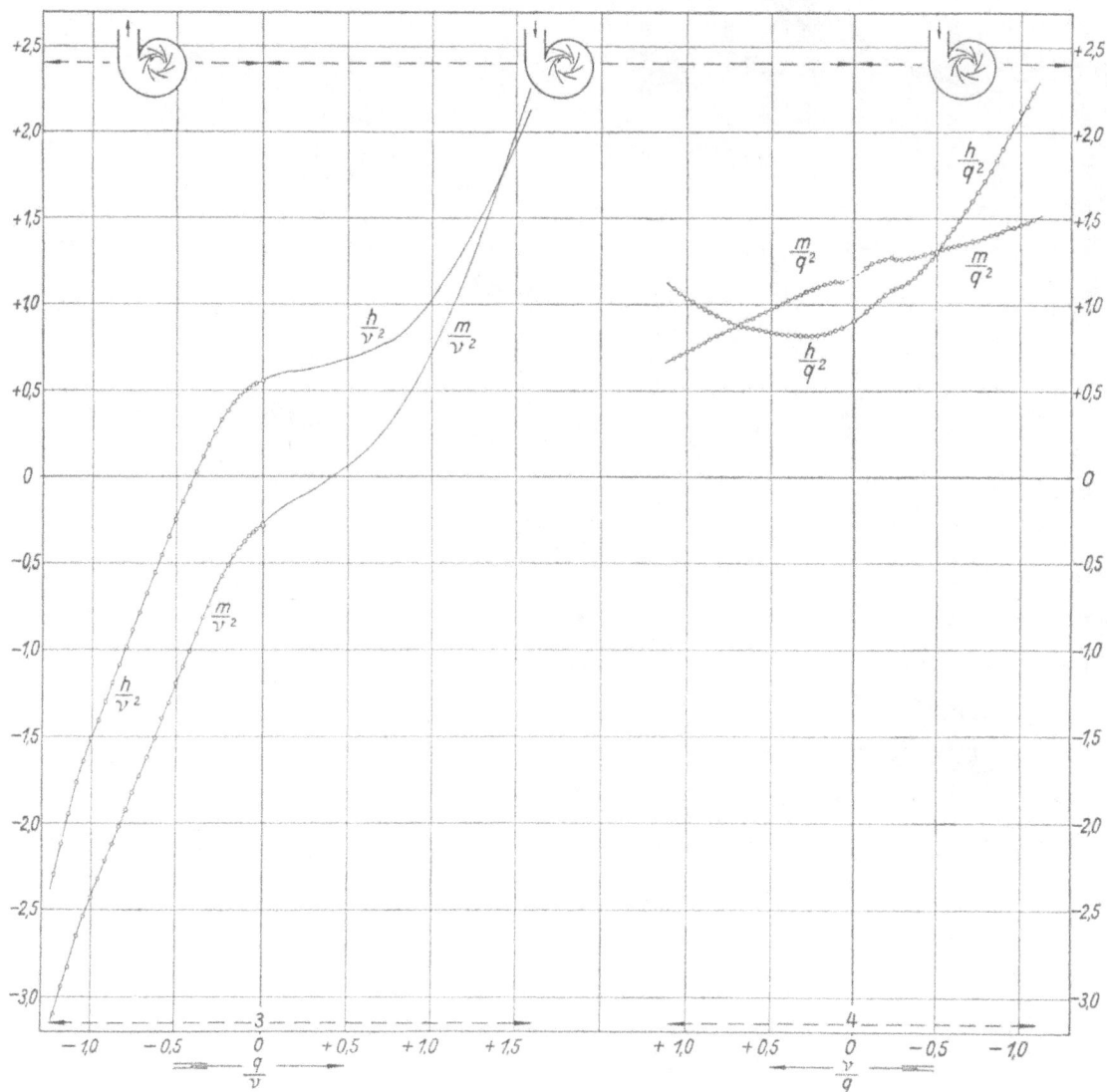

Abb. 11 b. Bezogene Ergebnisse der Versuche mit der großen Pumpe.

Hinsichtlich der höchsten Rücklaufdrehzahlen ist es bemerkenswert, daß sie in vielen Fällen (Abb. 12, 13, 14, 15, 16, 19, 20, 21 und 22) über den Durchgangsdrehzahlen liegen, die dem statischen Gefälle entsprechen.

Zahlentafel V.
Übersicht über die durchgerechneten Beispiele.

$\dfrac{T_r}{T_p} =$	0,5	1,0	2,0	4,0	10,0
$k =$	0,0	0,0	0,0	0,0	0,0
	—	0,1	—	—	—
	0,2	0,2	0,2	—	—
	—	0,8	—	—	—
	—	1,0	—	—	—

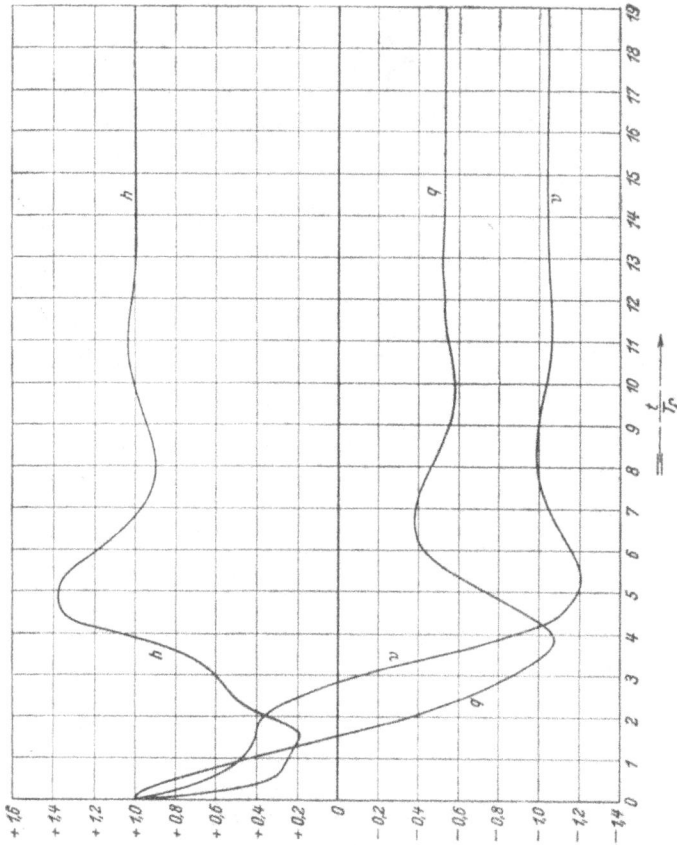

Abb. 14.

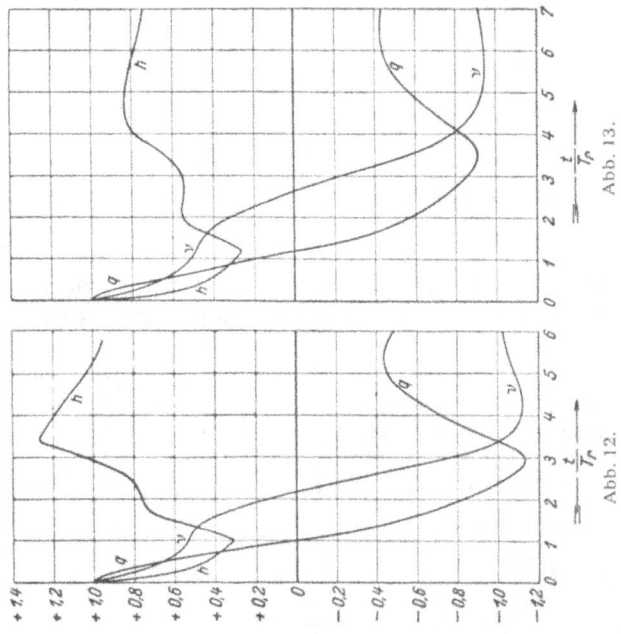

Abb. 13.

Abb. 12.

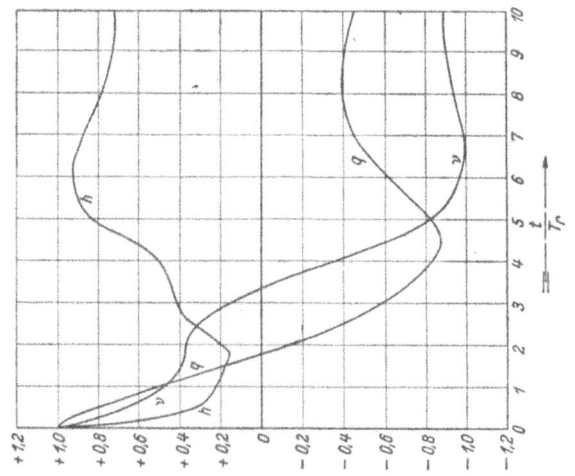

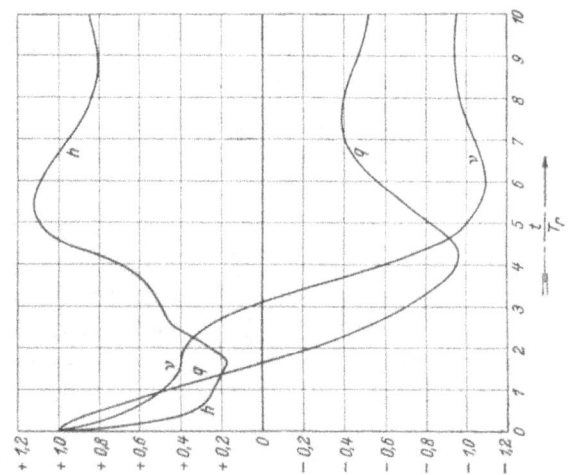

Abb. 12.	$\frac{T_r}{T_p} = 0{,}5$;	$k = 0.$
Abb. 13.	$\frac{T_r}{T_p} = 0{,}5$;	$k = 0{,}2.$
Abb. 14.	$\frac{T_r}{T_p} = 1{,}0$;	$k = 0.$
Abb. 15.	$\frac{T_r}{T_p} = 1{,}0$;	$k = 0{,}1.$
Abb. 16.	$\frac{T_r}{T_p} = 1{,}0$;	$k = 0{,}2.$

Abb. 12 bis 16. Vorgänge beim Ausfallen des Antriebes bei Zentrifugalpumpenanlagen. Rechnungsergebnisse unter Zugrundelegung der hydraulischen Eigenschaften der kleinen Pumpe.

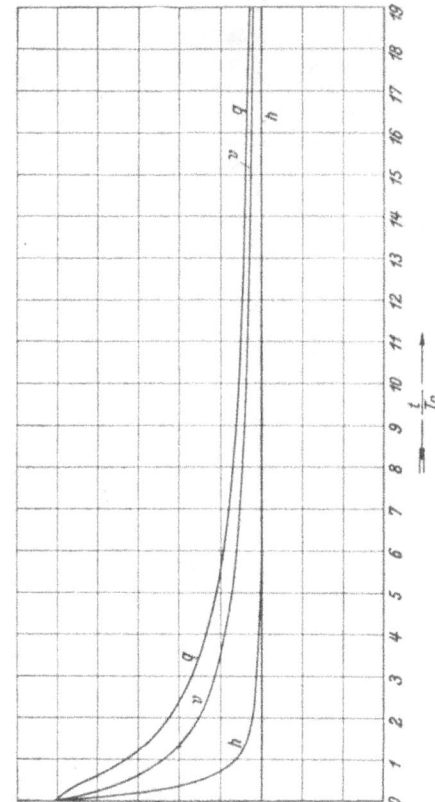

Abb. 17.

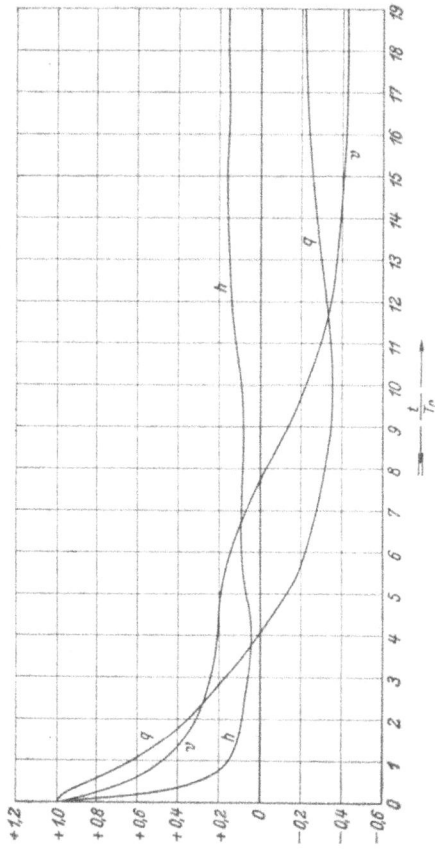

Abb. 19.

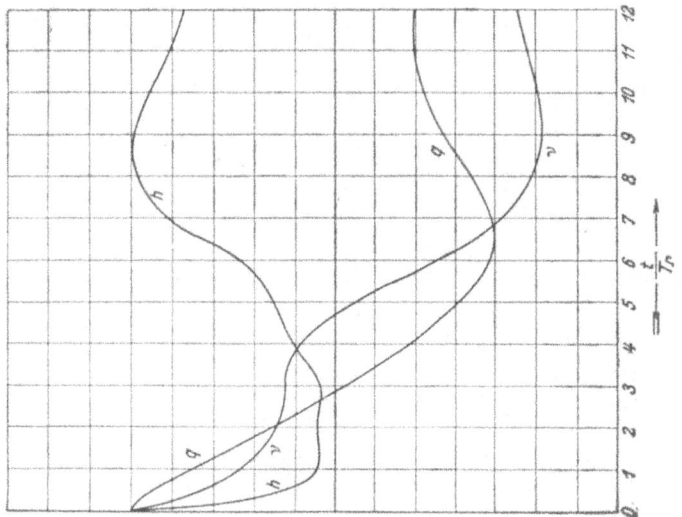

Abb. 18.

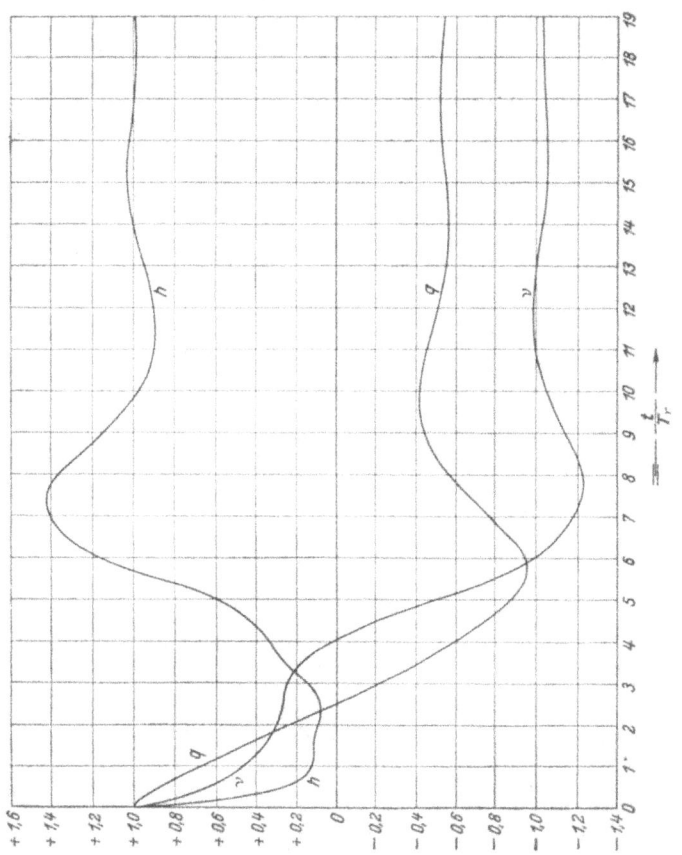

Abb. 20.

Abb. 17. $\dfrac{T_r}{T_p} = 1,0$; $k = 0,8$.

Abb. 18. $\dfrac{T_r}{T_p} = 1,0$; $k = 1,0$.

Abb. 19. $\dfrac{T_r}{T_p} = 2,0$; $k = 0$.

Abb. 20. $\dfrac{T_r}{T_p} = 2,0$; $k = 0,2$.

Abb. 17 bis 20. Vorgänge beim Ausfallen des Antriebes bei Zentrifugalpumpenanlagen. Rechnungsergebnisse unter Zugrundelegung der hydraulischen Eigenschaften der kleinen Pumpe.

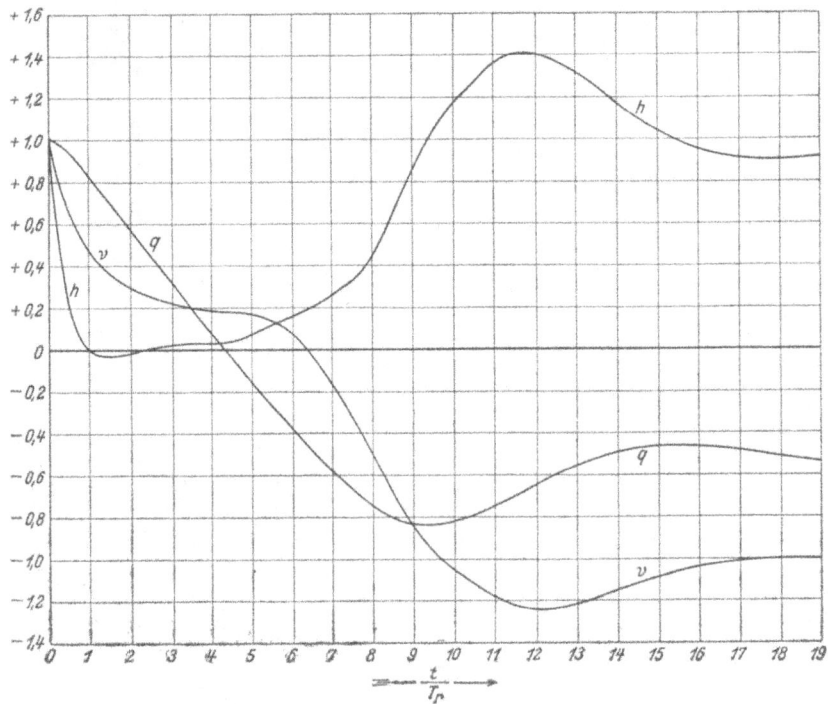

Abb. 21. $\dfrac{T_r}{T_p} = 4.0;\quad k = 0.$

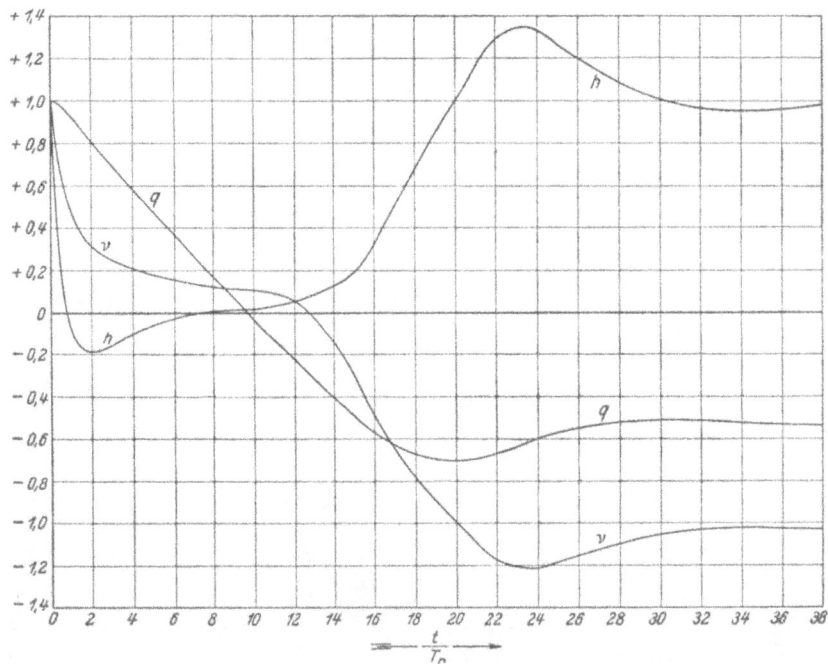

Abb. 22. $\dfrac{T_r}{T_p} = 10.0;\quad k = 0.$

Abb. 21 und 22. Vorgänge beim Ausfallen des Antriebes bei Zentrifugalpumpenanlagen.
Rechnungsergebnisse unter Zugrundelegung der hydraulischen Eigenschaften der kleinen Pumpe.

Diese in erster Linie interessierenden Daten sind in der folgenden Zahlentafel aufgeführt.

Zahlentafel VI.

$\dfrac{T_r}{T_p}$	k	h_{min}	v_{min}	Durchgangsdrehzahl bei statischem Gefälle, v
0,5	0,0	0,313	— 1,121	— 1,047
0,5	0,2	0,267	— 0,943	— 0,937
1,0	0,0	0,188	— 1,205	— 1,047
1,0	0,1	0,173	— 1,094	— 0,994
1,0	0,2	0,155	— 0,995	— 0,937
1,0	0,8	0,044	— 0,426	— 0,468
1,0	1,0	0	0	0
2,0	0,0	0,075	— 1,238	— 1,047
2,0	0,2	0,069	— 1,033	— 0,937
4,0	0,0	-- 0,032	— 1,238	— 1,047
10,0	0,0	— 0,188	— 1,213	— 1,047

Um für praktische Fälle die nach einem plötzlichen Ausfallen auftretenden Erscheinungen vorherzusagen hat man für die betreffenden Werte von $\dfrac{T_r}{T_p}$ und k eine Interpolation zwischen die bei den benachbarten durchgerechneten Beispielen vorhandenen Werte vorzunehmen. Allerdings ist die Zahl der durchgerechneten Beispiele nicht groß genug, um bei allen Fällen so vorgehen zu können. Man muß dann eben mit dem in Abschnitt III angegebenen Verfahren eine neue Rechnung durchführen. Zum Schluß sei noch daran erinnert, daß die in den Abb. 12—22 niedergelegten Rechnungsergebnisse streng genommen nur für Pumpen gelten, deren Eigenschaften der Abb. 5 gleichen oder wenigstens ähnlich sind, und daß ganz allgemein das Rechnungsverfahren unzuverlässig wird, wenn die Leitung sehr lang und dementsprechend der Einfluß der Elastizität der Leitung und des Wassers bedeutend wird.

Um ein Urteil darüber zu gewinnen, wie sich das Bild bei dem Übergang zu hydraulisch sehr guten Pumpen ändert, wurde schließlich noch der Fall $\dfrac{T_r}{T_p} = 1,0$ und $k = 0,2$ unter Zugrundelegung der bei den Versuchen mit der großen Pumpe gewonnenen Ergebnisse (Abb. 11) durchgerechnet und in Abb. 23 dargestellt. Der Vergleich mit dem in Abb. 16 für dieselben Verhältnisse bei der kleinen Pumpe dargestellte Vorgang zeigt, wie zu erwarten war, eine erhebliche Erhöhung der Rücklaufdrehzahl (von $v_{min} = — 0,995$ auf $v_{min} = — 1,213$). Im übrigen ist der allgemeine Charakter der Kurven nicht geändert, h und besonders q haben fast denselben Verlauf wie früher.

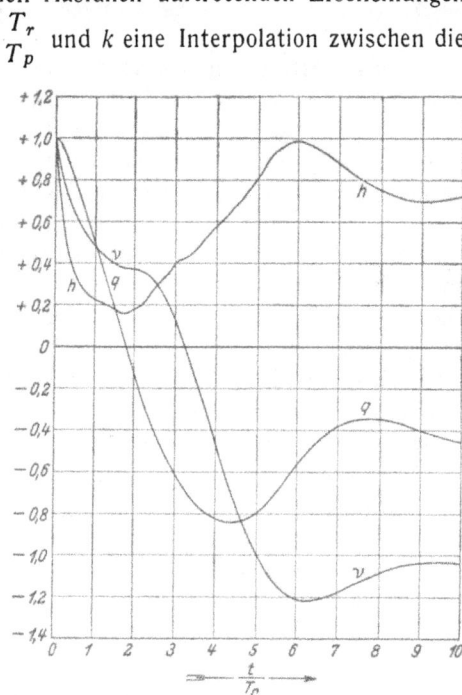

Abb. 23. $\dfrac{T_r}{T_p} = 1,0$; $k = 0,2$.

Vorgänge beim Ausfallen des Antriebes bei Zentrifugalpumpenanlagen. Rechnungsergebnisse unter Zugrundelegung der hydraulischen Eigenschaften der großen Pumpe.

Versuche mit einem Hitzdraht-Instrument zur Bestimmung der Wassergeschwindigkeit nach Richtung und Größe.

Von **Triguna Charan Sen**.

Einleitung.

In der Arbeit von G. Gangadharan[1] „Ein neues Instrument für Geschwindigkeitsmessungen in turbulentem Wasser" wird über dieses auf dem Prinzip des Hitzdraht-Anemometers beruhende Instrument gesagt, daß infolge der Elektrolyse und vielleicht infolge Verdampfung des Wassers sich eine große Anzahl Luftblasen um den Platindraht zu bilden pflegen; die Blasenbildung störe die gleichmäßige Kühlungswirkung des Wassers und mache es unmöglich, die Ablesung am Galvanometer vorzunehmen, selbst bei gleichbleibender Wassergeschwindigkeit.

Um die Blasenbildung zu vermeiden, isolierte Gangadharan den Hitzdraht mit Emaillack, aber ohne Erfolg; später umgab er den Platindraht mit einer Glasschicht von ca. 0,08 mm Stärke und machte seine Versuche mit diesem Instrument.

Um eine kleine Einstellzeit des Instruments zu erreichen, ist eine möglichst große Wärmeleitfähigkeit der isolierenden Schicht erwünscht. Es ist aber schwierig, ein Material zu finden, das einmal ein guter Isolator ist (zur Verhinderung der Elektrolyse) und das gleichzeitig ein guter Wärmeleiter ist. Die Wärmeleitfähigkeit des Glases ist nur etwa $1/100$ der des Platins.

Der Zweck der vorliegenden Arbeit war zunächst, die Bedingungen zu untersuchen, die für das Entstehen der ungleichmäßigen Anzeige maßgebend sind, und dann durch deren Berücksichtigung eine Anordnung ausfindig zu machen, welche die Verwendung eines nackten Drahtes zuläßt, die ja wegen der viel kleineren Einstellzeit an sich bei weitem vorzuziehen ist. Ferner sollte daran anschließend ein Instrument mit drei Hitzdrähten ausgebildet werden, welches die gleichzeitige Bestimmung der 3 Komponenten der Wassergeschwindigkeit gestattet.

Untersuchung der Blasenbildung.

Ehe man daranging, Formen des Hitzdrahtes oder andere Metalle als Platin zu untersuchen, wurde — auf Anraten von Herrn Professor Dr.-Ing. D. Thoma — versucht, herauszufinden, ob die erwähnte Bildung von Blasen auf Elektrolyse oder auf Verdampfung des Wassers oder auf beides zurückzuführen ist.

Zu diesem Zweck wurde ein Platindraht gewählt, der wie bei Gangadharan 10 mm Länge und 0,1 mm Stärke aufwies. An Stelle eines Akkumulators von 4 Volt wurde aber ein solcher von 2,08 Volt (gemessen bei Belastung während des Versuchs) genommen, um einen geringeren Strom durch den Hitzdraht zu schicken.

Abb. 1 zeigt die Anordnung und die Schaltung der Brücke. Das Instrument wurde nun in zwei Anordnungen geeicht, wobei beidemal der Hitzdraht senkrecht zur Strömungsrichtung stand. Zuerst wurde das Instrument in das gleichmäßig durchflossene Turbinenzulaufgerinne des In-

---

[1] Mitteilungen des Hydraulischen Instituts der Technischen Hochschule München, Heft 4, S. 28.

stituts an eine Stelle eingesetzt, an der vor jedem Versuch die Wassergeschwindigkeit mit einem Meßflügel bestimmt worden war. Die so erhaltenen Meßpunkte sind in Abb. 2 eingetragen.

Ferner wurde das Instrument mit dem zur Eichung hydrometrischer Flügel bestimmten Meßwagen ebenso geeicht, wie ein hydrometrischer Flügel, d. h. es wurde durch ruhendes Wasser hindurchgezogen. Die Ergebnisse sind ebenfalls in Abb. 2 eingetragen.

Die mit den beiden Verfahren gewonnenen Meßpunkte schließen sich gut an eine gemeinsame ausgleichende Kurve an; es sind auch keine Unregelmäßigkeiten erkennbar, die auf Bildung von Luftblasen um den Draht herum zurückgeführt werden könnten. Wenn auch eine solche stattgefunden haben sollte, so hat sie dennoch die reguläre Ablesung am Galvanometer nicht im geringsten gestört. Von den Meßpunkten fällt ein einziger aus der Kurve, bei einer Geschwindigkeit von 0,281 m/s, was auf einen Meßfehler zurückgeführt werden darf.

Ehe die Messungen fortgesetzt wurden, wurde untersucht, ob sich beim gleichen Instrument auch bei Erhöhung der Stromstärke noch eine einwandfreie Eichkurve erzielen läßt. Zu diesem Zweck wurde ein Akkumulator von 4,145 Volt (gemessen bei Belastung während des Versuchs) für den Versuch benutzt. Der Platindraht war wie bei Gangadharan 10 mm lang bei 0,1 mm Dmr.

Die Eichkurve Abb. 3 bezieht sich auf diesen Fall; sie wurde aus 25 Versuchen bei jeweils verschiedener Geschwindigkeit des Meßwagens ermittelt. Man sieht, daß selbst bei größerer Strom-

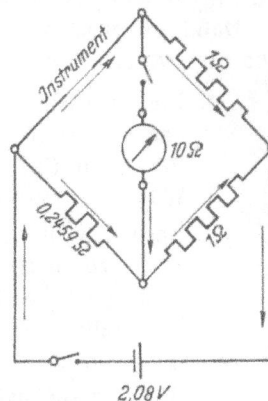

Abb. 1. Schaltschema für das einfache Instrument.

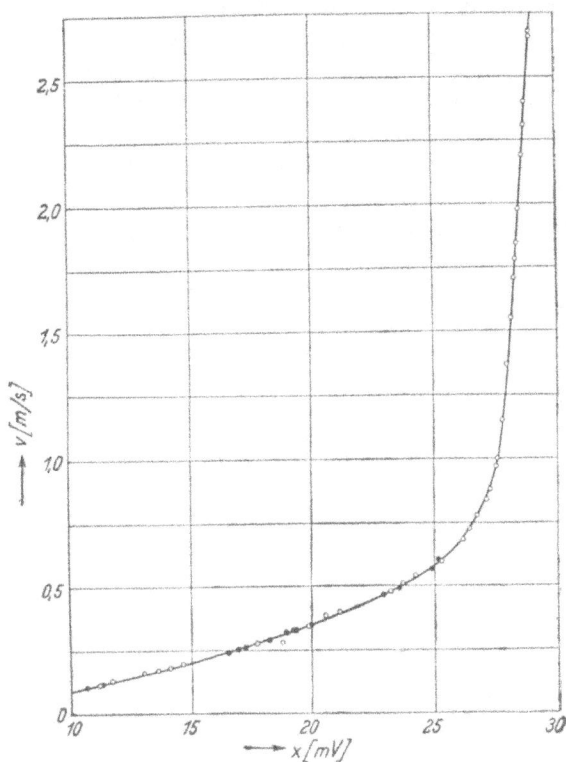

Abb. 2. Eichung mit Meßwagen (○) und mit Meßflügel (●) bei senkrechter Anströmung und 2,08 Volt angelegter Brückenspannung.

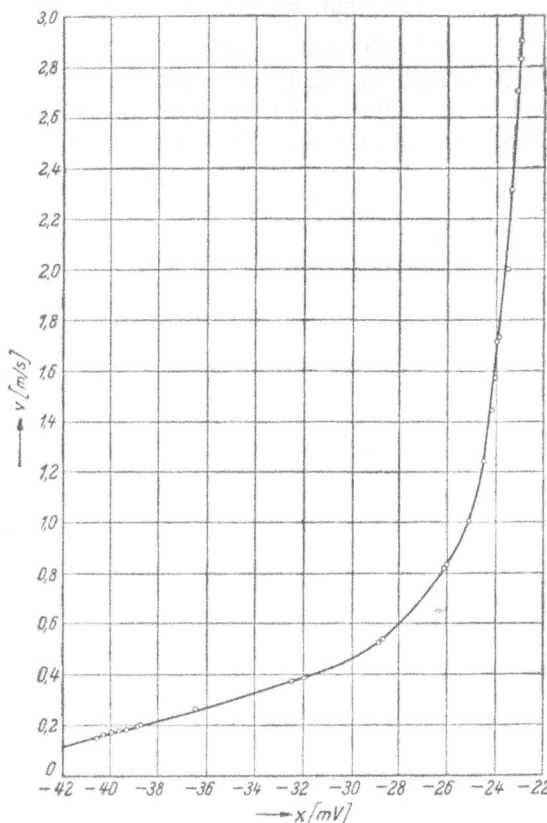

Abb. 3. Eichung mit Meßwagen bei senkrechter Anströmung und 4,145 Volt angelegter Brückenspannung.

stärke Blasen, wenn sich solche überhaupt bildeten, keine Störung hervorriefen. Jeder der Punkte von Abb. 3 ergab sich aus durchschnittlich 8—10 Ablesungen, die gegeneinander um etwa $\pm 1\%$ streuten.

Daß im Gegensatz zu diesem Befund bei den Versuchen von Gangadharan große Streuungen beobachtet wurden, kann mehreren Ursachen zugeschrieben werden.

1. Die den Hitzdraht nicht enthaltenden drei Zweige der Brücke waren damals so gewählt, daß der durch den Platindraht fließende Strom größer war als bei den vorliegenden Versuchen (3,75 statt 3,30 A). Dies hatte vielleicht genügt, um Verdampfung des Wassers zu verursachen.

2. Nach den in der Literatur enthaltenen Angaben über den Leitungswiderstand von Platin zu urteilen, scheint es, daß dieser stark von der mechanischen Struktur des Drahtes und vielleicht auch von kleinen Verunreinigungen des Metalls abhängt. Somit kann selbst bei gleichem Strom die Temperatur des Drahtes bei den Versuchen von Gangadharan größer gewesen sein als bei den vorliegenden.

3. Gangadharan hat möglicherweise nicht den genauen Drahtdurchmesser festgestellt und hat vielleicht den nominellen Durchmesser als richtig angenommen. Wenn sein Draht etwas dünner war, so könnte darin vielleicht die Ursache für seine Ergebnisse zu suchen sein.

4. Es hat sich gezeigt, daß Fehler auch durch unvollkommene Berührung der Schalterkontakte entstehen können. Bei den vorliegenden Versuchen wurden deswegen zuerst besonders sorgfältig hergerichtete mechanische Schalter, später Quecksilberschalter verwendet. Es ist möglich, daß ein Teil der von Gangadharan beobachteten Streuungen auf ungleichmäßigen Kontakt am Umschalter zurückzuführen ist.

Es hat sich somit gezeigt, daß sich das Instrument mit unisoliertem Platindraht zur Wassergeschwindigkeitsmessung verwenden läßt. Bei Geschwindigkeiten von mehr als etwa 1 m/s ist jedoch die Kühlwirkung bei dem gewählten Drahtdurchmesser zu groß: die Temperatur des Drahtes verändert sich dann nur noch so wenig, daß die Geschwindigkeit durch die Ablesungen an dem bei den Versuchen verwendeten Voltmeter nicht mehr genügend genau bestimmt werden kann.

Bei den bisher beschriebenen Versuchen wurde, wie erwähnt, der Hitzdraht senkrecht angeströmt. Ein ähnliches Instrument wurde nun im Turbinenzulaufgerinne mit senkrecht und mit parallel zur Strömung gerichtetem Hitzdraht untersucht, die Ergebnisse sind in Abb. 4 dargestellt.

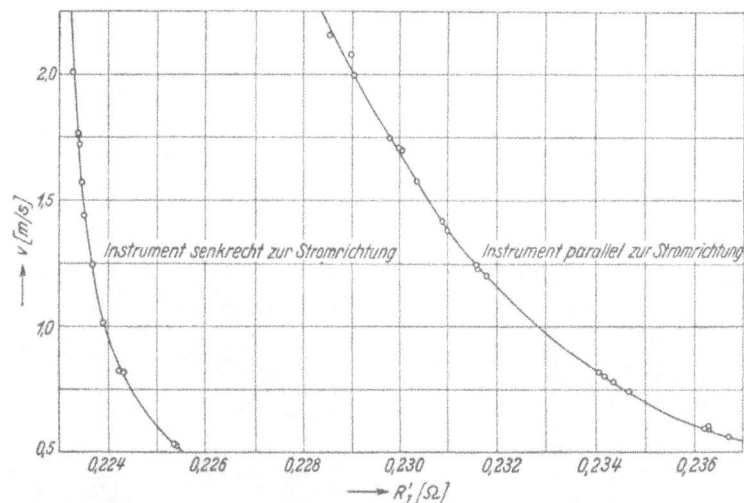

Abb. 4. Eichung mit Meßflügel bei senkrechter und paralleler Anströmung und 4,145 Volt angelegter Brückenspannung.

Schließlich wurde das Instrument bei zwei verschiedenen Geschwindigkeiten unter ver-schiedenen Winkeln zur Strömung geneigt. Abb. 5 zeigt, daß die Anzeige sehr stark von der Anströmrichtung abhängt.

Entwicklung eines dreidrähtigen Instruments.

Da bei Veränderungen der Anströmrichtung die Anzeige des Instruments beim Anström-winkel 0° (Hitzdraht ‖ Stromrichtung) ein scharfes Maximum aufweist, ist es möglich, die Rich-tung einer zeitlich gleichbleibenden Strömung durch Einstellung des Instruments auf maximale Ablesung zu finden. Für Messungen in turbulen-ten Strömungen versagt jedoch dieses Verfahren selbst für die Ermittlung der mittleren Richtung, weil die Anzeige nicht linear vom Anströmwinkel abhängt und zudem auch durch die Größe der Geschwindigkeit beeinflußt wird. Außerdem be-steht bei turbulenten Strömungen der Wunsch, nicht nur die Mittelwerte, sondern den Verlauf der Augenblickswerte der Geschwindigkeit nach Größe und Richtung zu ermitteln.

Falls es in einem besonderen Falle sicher-gestellt wäre, daß die Geschwindigkeitsvektoren einer turbulenten Strömung stets in einer Ebene liegen, würde man mit einem Hitzdrahtinstrument und zwei gegeneinander geneigten Drähten aus-kommen können, wenn die Drähte in jene Ebene gelegt werden. Aus den gleichzeitigen Wider-standsbestimmungen für beide Drähte würde man für jeden Augenblick die Richtung der Geschwin-digkeit in jener Ebene und die Größe der Ge-schwindigkeit ermitteln können. Simons und Bailey[1]) haben diesen Weg beschritten.

Da bei turbulenten Strömungen aber kaum jemals mit einem ebenen Verlauf der Geschwindig-keiten gerechnet werden kann, führt dieser Weg nicht weiter. Simons und Bailey haben deswegen ein dreidrähtiges Instrument verwendet, bei dem die Drähte nach den Kanten einer gleichseitigen

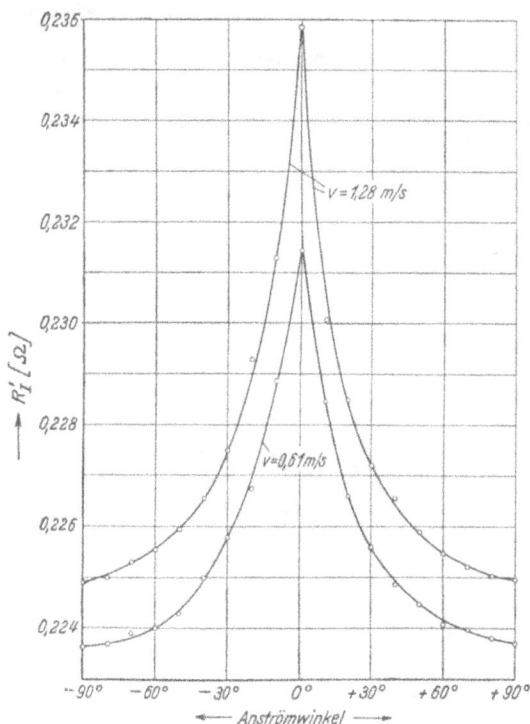

Abb. 5. Eichung bei verschiedenen Anströmwinkeln (0° = Hitzdraht ‖ Strömungsrichtung), bei 4,145 Volt an-gelegter Brückenspannung und bei 2 verschiedenen Ge-schwindigkeiten.

Pyramide, und zwar mit einer Neigung von weniger etwas als 10° gegen die Achse der Pyramide (Instrumentenachse) geneigt waren. Bei den Versuchen wurde die Richtung der Instrumenten-achse durch Ausprobieren so eingestellt, daß zwei der drei Hitzdrähte bei allen Verdrehungen des Instruments um seine Achse immer den gleichen Widerstand hatten. Nachdem so die Richtung der Geschwindigkeit (bei nicht turbulenter Strömung) festgestellt war, konnte die Größe der Geschwin-digkeit in bekannter Weise aus dem Widerstand bestimmt werden. Augenblicksmessungen turbu-lenter Strömungen sind bei dieser Anordnung nicht möglich.

Demgegenüber wurde bei der vorliegenden Arbeit versucht, ein Instrument zu schaffen, welches Augenblicksmessungen ermöglicht und einer bestimmten genauen Orientierung zur mittleren Strömungsrichtung nicht bedarf: aus den 3 Augenblickswerten der Drahtwiderstände sollten die Größe der Geschwindigkeit und die Lage des Geschwindigkeitsvektors relativ zum Instrument, also die 3 Komponenten der Geschwindigkeit, ohne weiteres entnehmbar sein.

---

[1]) Simons und Bailey, „A Hotwire Instrument for measuring Speed and Direction of Airflow". Phylosophical transactions of the Royal Societies 1927.

Da das Instrument 3 Angaben liefern soll, sind 3 Drähte erforderlich. Die Drähte wurden wieder nach den Kanten einer gleichseitigen Pyramide angeordnet, jedoch wurde die Neigung gegen die Achse zu 45⁰ gewählt. Maßgebend dafür war der Wunsch, daß bei den in vielen turbulenten Strömungen vorkommenden Neigungen der Geschwindigkeit von etwa 15⁰ bis 25⁰ der Anström-winkel der Drähte nicht auf 0⁰ herabgehen solle, weil andernfalls eine Doppeldeutigkeit der Ergebnisse zu befürchten wäre. Größer als 45⁰ wurde der Winkel nicht gewählt, weil andernfalls eine Überschreitung von 90⁰ Anströmwinkel und ebenfalls Doppeldeutigkeit der Anzeige zu befürchten gewesen wäre.

Versuchsanordnung.

Das Instrument ist in Abb. 6 zusammen mit der Vorrichtung, in die es für die Eichung eingespannt wurde, dargestellt; die Vorrichtung läßt meßbare Drehungen des Instruments um seine eigene (horizontale) Achse und die vertikale Achse der Haltestange zu.

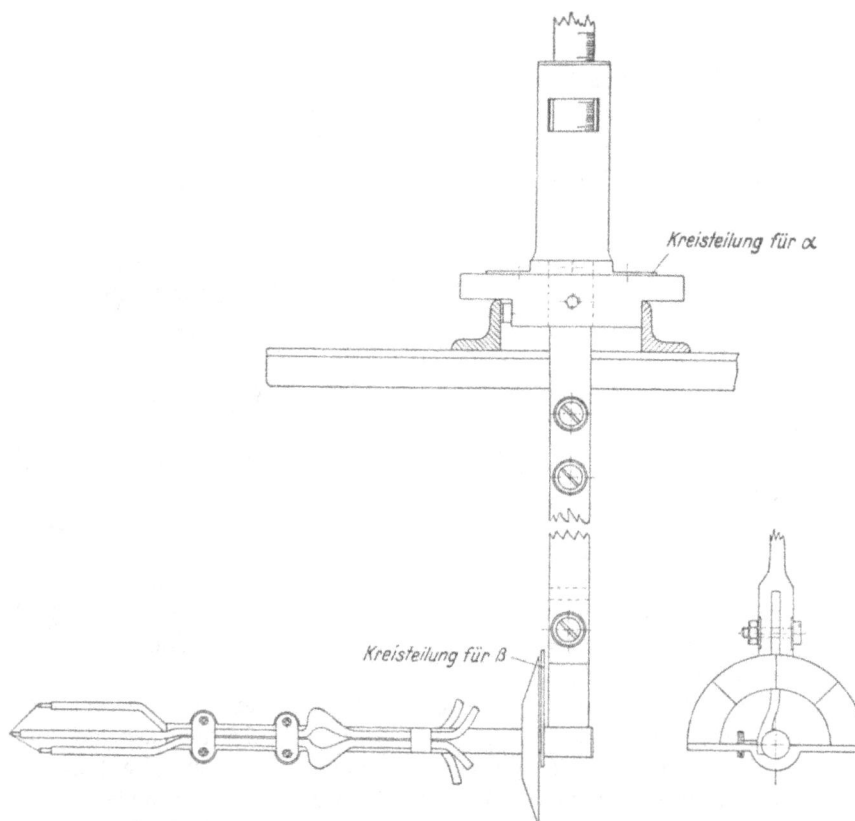

Abb. 6. Versuchseinrichtung mit dem dreidrähtigen Instrument.

Die Eichung wurde im Turbinenzulaufgerinne vorgenommen. Der Drehwinkel der Haltestange wurde mit α bezeichnet; bei $\alpha = 0$ wird das Instrument parallel zur Instrumentenachse angeströmt. Der Drehwinkel des Instruments um seine eigene Achse wurde mit β bezeichnet; bei $\beta = 0$ ist der Hitzdraht I horizontal. (Siehe Abb. 7 und Schaltschema Abb. 8.)

Da die Widerstände der drei Hitzdrähte nicht ganz genau gleich ausgefallen waren, wurde an den, die geringeren Widerstände aufweisenden Hitzdrähten I und III eine Abgleichung durch die in Abb. 8 eingezeichneten Abgleichwiderstände vorgenommen.

Hauptversuche und Ergebnisse.

Für eine Reihe verschiedener Winkel α (15^0, 20^0, 30^0 und 45^0) wurden am Galvanometer je für verschiedene Winkel β und je für 3 Wassergeschwindigkeiten (0,2, 0,3 und 0,4 m/s) die Galvanometerablesungen x_I, x_{II}, x_{III} (in Millivolt für die Hitzdrähte I, II und III) aufgeschrieben.
Die Ergebnisse dieser Versuche sind in Abb. 9—12 dargestellt.

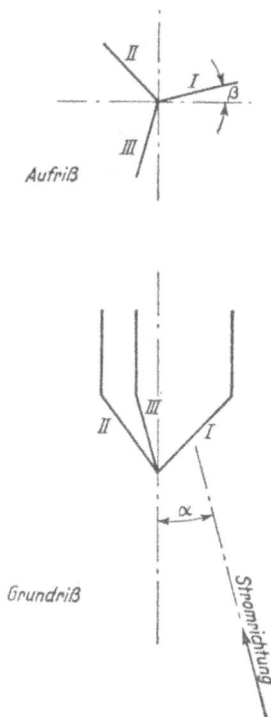

Abb. 7. Definition der Winkel.

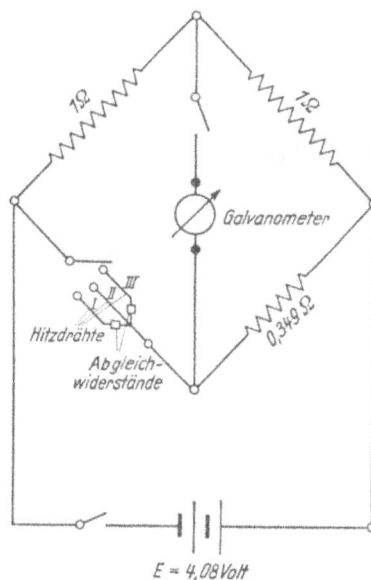

Abb. 8.
Schaltschema für das dreidrähtige
Instrument.

Da es sich zeigte, daß die 3 Hitzdrähte bei gleicher Anströmung sich genau gleich verhalten, wurde für die Mehrzahl der Versuche nur der Bereich $0 < \beta < 180^0$ untersucht, und es wurde auch die graphische Darstellung auf diesen Bereich beschränkt. Es hätte an sich auch eine bis 120^0 durchgeführte Messung und Darstellung genügt, da man für größere Werte von β die Galvanometerausschläge durch zyklische Vertauschung erhält.

Die Kurvenblätter ermöglichen es, mit Hilfe von Interpolationen für jedes in den untersuchten Bereich fallende Wertetripel α, β, v die drei Galvanometerausschläge zu finden. Für die praktische Anwendung des Instruments muß man jedoch imstande sein, umgekehrt für die drei gegebenen Galvanometerablesungen die drei Werte α, β und v zu bestimmen. Wenn diese Aufgabe in der gebräuchlichen Art gelöst werden soll, müßte man eine Tabelle mit drei Eingängen ausrechnen. Jedoch würde die Herstellung dieser Zahlentafel einen sehr großen Arbeitsaufwand bedingen, und ihr praktischer Gebrauch würde recht mühsam sein. Es wurde deswegen nach anderen Möglichkeiten für die Umkehrung die durch die Eichversuche gegebene Funktion gesucht, und dabei wurde glücklicherweise die Tatsache entdeckt, daß der Unterschied zwischen zwei beliebigen Werten der drei Ablesungen x_I, x_{II} und x_{III} nur von den Werten α und β abhängt, daß er aber unabhängig ist von der Wassergeschwindigkeit v. Dadurch wird die Umkehrung der Funktion wesentlich vereinfacht.

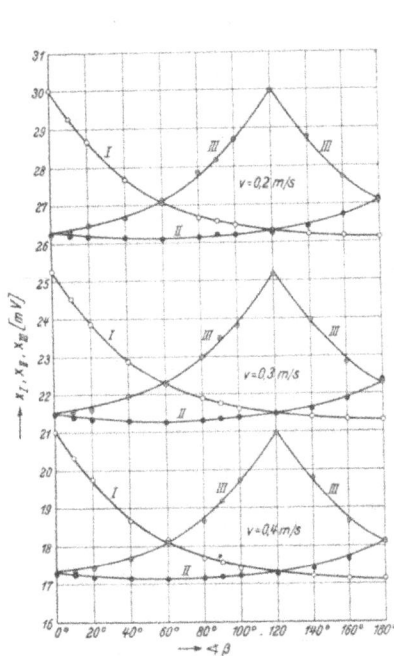

Abb. 9. ($\alpha = 15°$).

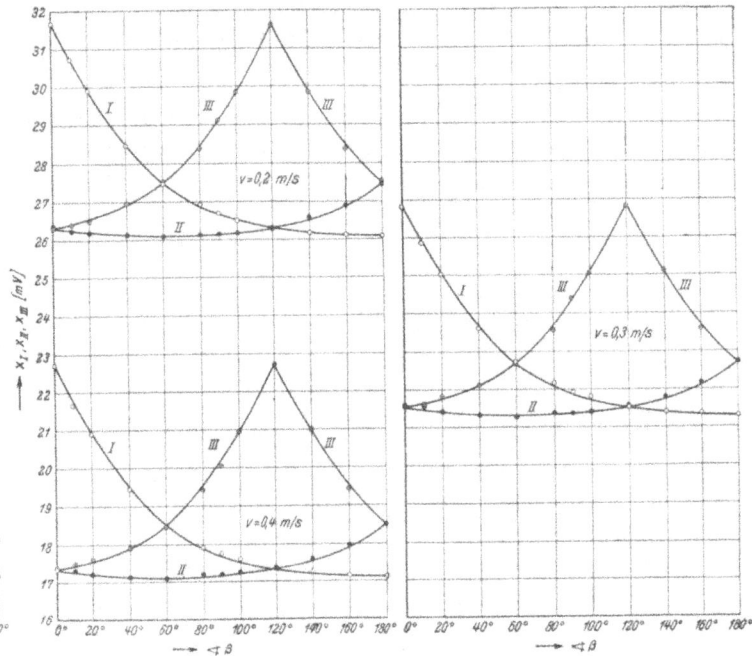

Abb. 10. ($\alpha = 20°$).

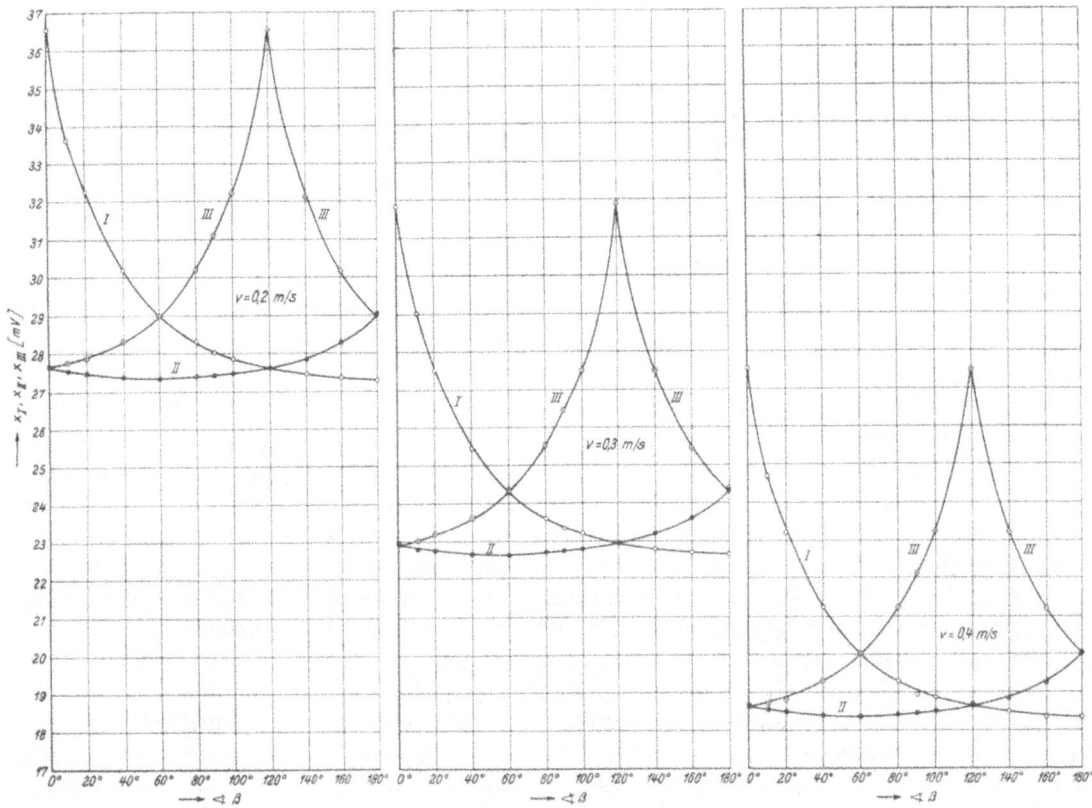

Abb. 11. ($\alpha = 30°$).

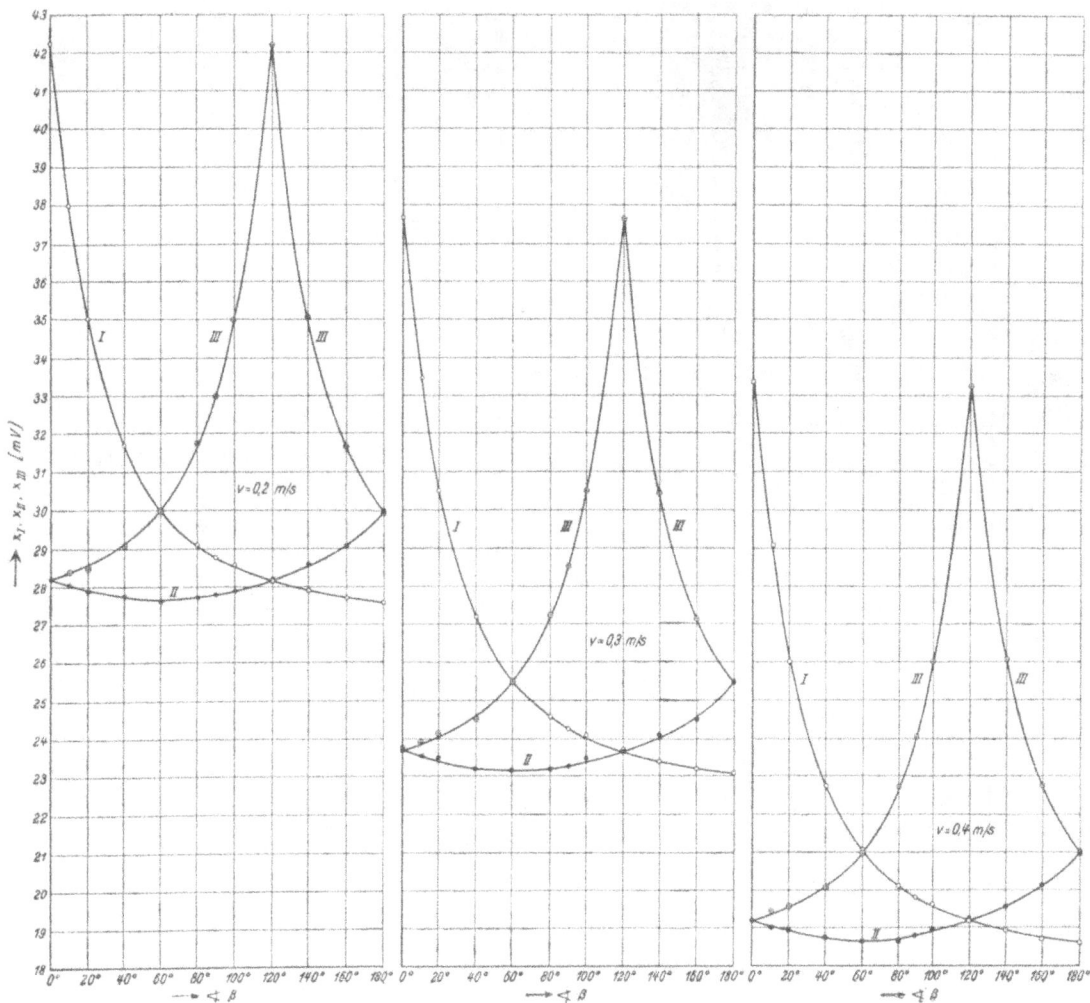

Abb. 12. ($\alpha = 45°$).

Es könnte allerdings fraglich sein, ob die aus den Kurvenblättern 9 bis 12 hervorgehende Unabhängigkeit der Unterschiede $x_I — x_{II}$, $x_I — x_{III}$ und $x_{II} — x_{III}$ von v (bei festgehaltenen α und β) nicht etwa eine zufällige Eigentümlichkeit des vorliegenden Exemplars des Instruments ist und bei anderen Ausführungen nicht mehr auftritt. Es wurde deswegen ein zweites Instrument nach der gleichen Konstruktionszeichnung ausgeführt und ebenfalls geeicht. Trotz der durch die unvermeidlichen Ausführungsungenauigkeiten bedingten Abweichungen der Eichkurven waren auch hier die Unterschiede $x_I — x_{II}$ usw. innerhalb der Versuchsgenauigkeit nur von α und β, nicht von v abhängig. Es liegt also offenbar eine allgemeine Gesetzmäßigkeit vor, die es rechtfertigt, das Auswertungsverfahren auf dieses Gesetz abzustellen. Sollten sich bei weiteren Exemplaren des nach derselben Konstruktionszeichnung ausgeführten Instruments etwa doch Abweichungen von dieser Gesetzmäßigkeit zeigen — z. B. infolge einer großen Ausführungsungenauigkeit —, so ist doch mit Sicherheit anzunehmen, daß man durch das Auswertungsverfahren einen guten Näherungswert für α, β und v erhält, sodaß man für die endgültige genaue Bestimmung mit einer linearen Ausgleichsrechnung auskommt.

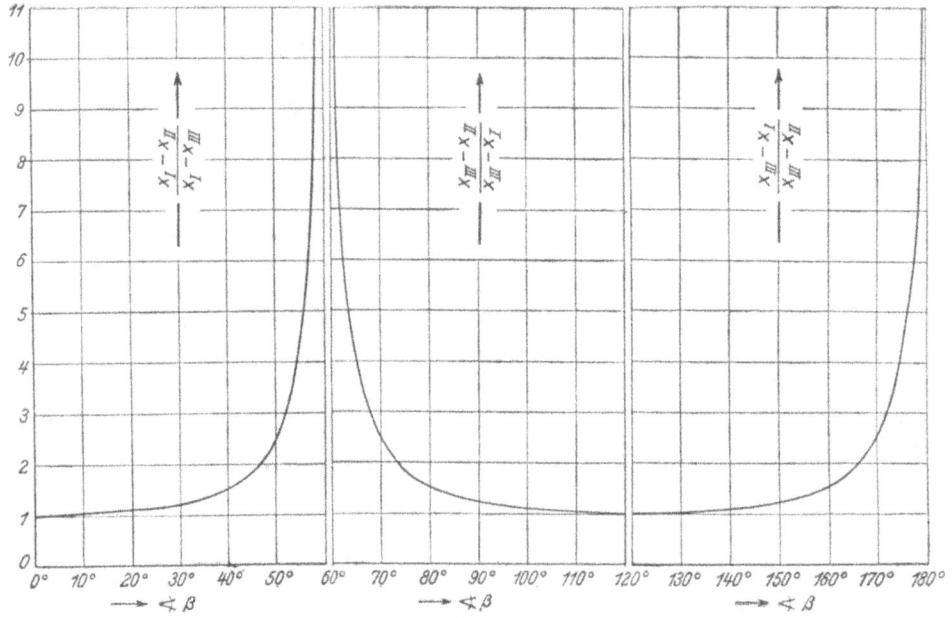

Abb. 13.

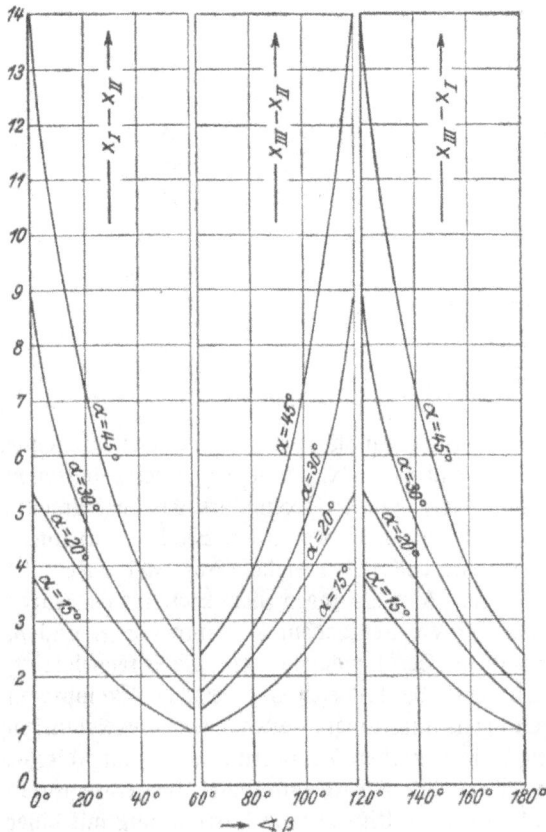

Abb. 14.

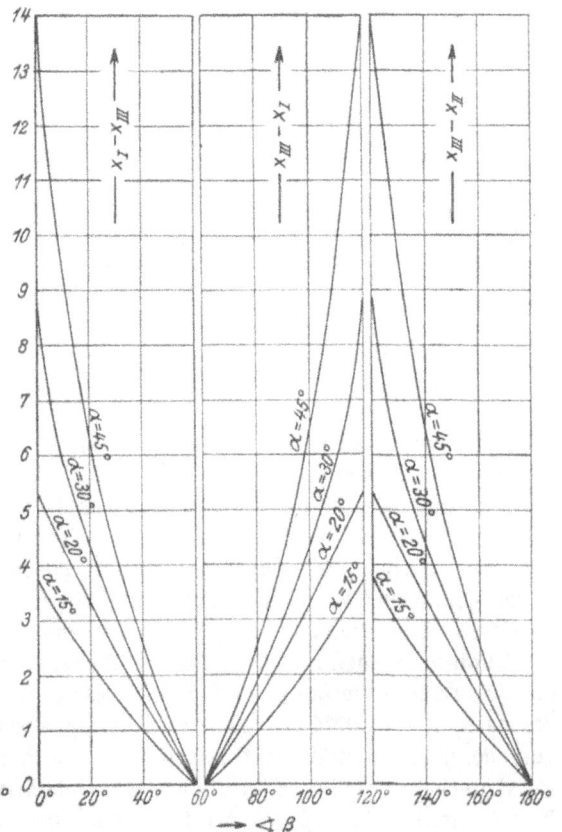

Abb. 15.

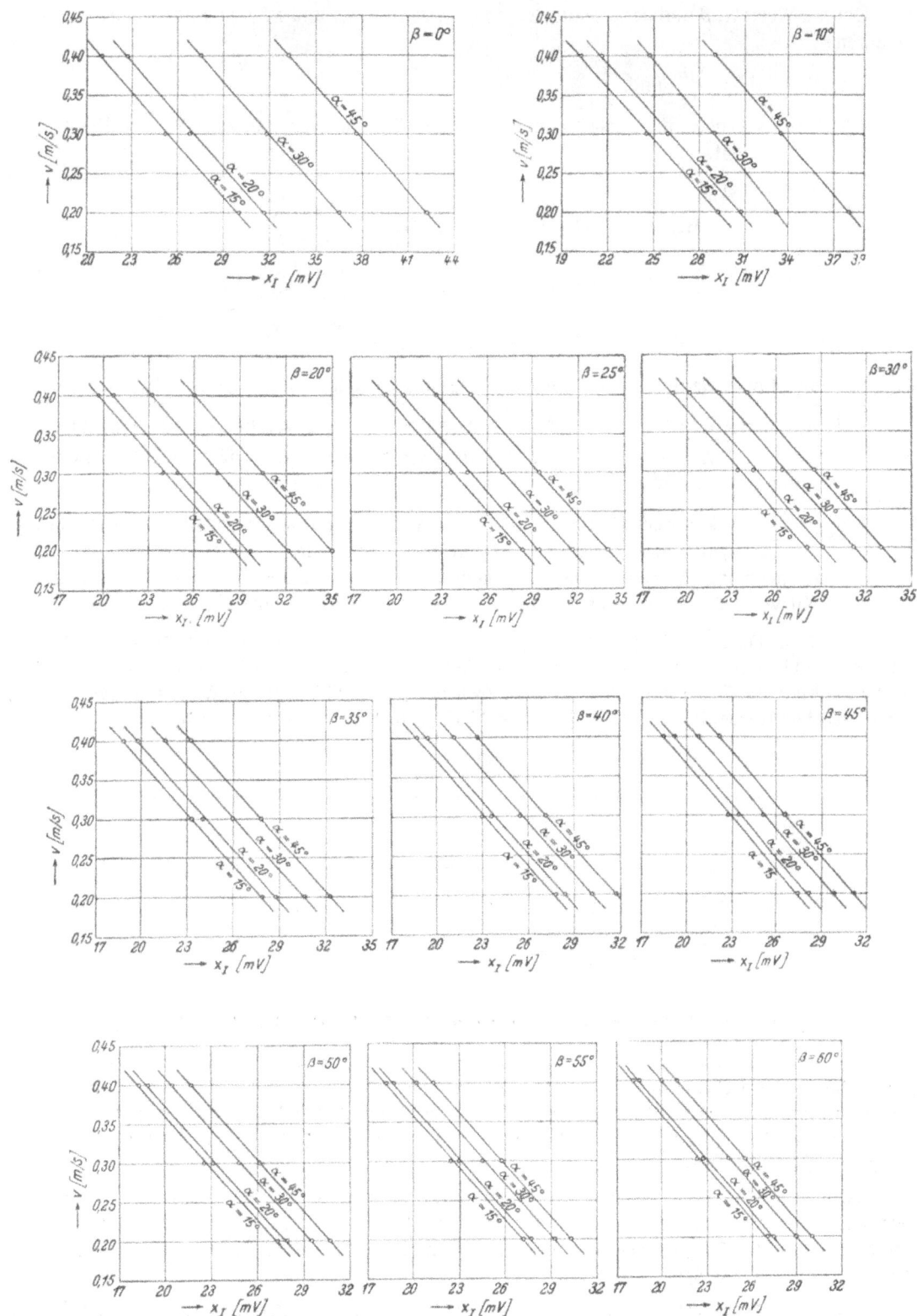

Abb. 16—26.

Um die Werte α, β und dann v aus den drei Werten x_I, x_{II} und x_{III} zu finden, wird wie folgt verfahren:

1. Man bildet $\dfrac{x_{III}}{x_I}$ und $\dfrac{x_I}{x_{II}}$.

2. Daraus erhält man nach untenstehender Tabelle von 60 zu 60^0 den Bereich, in dem β liegt.

3. Man bildet:

$$\text{Bei } \beta = \quad 0^0 - 60^0 \text{ das Verhältnis } \frac{x_I - x_{II}}{x_I - x_{III}},$$

$$\text{bei } \beta = 60^0 - 120^0 \quad ,, \quad ,, \quad \frac{x_{III} - x_{II}}{x_{III} - x_I} \text{ und}$$

$$\text{bei } \beta = 120^0 - 180^0 \quad ,, \quad ,, \quad \frac{x_{III} - x_I}{x_{III} - x_{II}}.$$

und findet dann aus der Abb. 13 die genaue Größe des Winkel β.

4. Aus der Abb. 14 (für $\beta = 0^0 - 180^0$) ist daraufhin der Winkel α genau zu bestimmen.

Die entsprechende Abb. 15 kann zur Kontrolle der richtigen Ermittlung des Winkel α benutzt werden.

5. Aus den bekannten Werten x_I, x_{II}, x_{III}, α und β und aus den Abb. 16—26 kann man die Geschwindigkeit v dadurch ermitteln, daß man sich aus den Kurven, die zu den benachbarten Werten von α und β gehören, eine für die genauen α- und β-Werte gültige Kurve (v über x_1) durch Interpolation herstellt und aus ihr v entnimmt.

Im Falle, daß $\beta > 60^0$ gefunden wurde, läßt sich durch sinngemäßes Vertauschen der Bezeichnungen (I, II, III) der Drähte und der Ablesungen eine Verschiebung des Anfangspunktes für die Zählung von β so bewirken, daß nun β zwischen 0^0 und 60^0 liegt und die Wassergeschwindigkeit v aus den Kurvenblättern 16—26 in der bisherigen Weise ermittelt werden kann.

Zahlentafel.

$\dfrac{x_{III}}{x_I}$ oder	< 1	$= 1$	> 1	1	> 1
$\dfrac{x_I}{x_{II}}$	> 1	$= 1$	> 1	1	< 1
$\beta =$	$0^0 - 60^0$	60^0	$60^0 - 120^0$	120^0	$120^0 - 180^0$

Einfaches Verfahren zur Ermittlung der Größe der Geschwindigkeit.

Bei dem praktischen Gebrauch des oben dargestellten Verfahrens wurde entdeckt, daß die Unterschiede der Galvanometeranzeigen für denselben Draht bei festgehaltenem α unabhängig von v sind und nur von β abhängen. Diese Tatsache, die auch bei dem zweiten bereits erwähnten Exemplar des Instruments festgestellt wurde, gestattet die Methode zur Bestimmung von v (Punkt 5 obiger Anweisung) noch zu vereinfachen.

Ist α und β bekannt, so kann man aus Abb. 27 die Differenz zwischen $x_{I\,(\beta=0^0)}$ und $x_{I\,(\beta)}$ ermitteln. Dann kann man mit dem nunmehr bekannten Wert von $x_{I\,(\beta=0^0)}$, v aus Abb. 28 bestimmen. Bei der oben unter 5 gegebenen Vorschrift mußte dafür noch auf 11 Abbildungen (Abb. 16—26) Bezug genommen werden.

Eine Zusammenfassung des ganzen Rechnungsganges mit einem Beispiel ist in Abb. 29 (S. 86) angegeben.

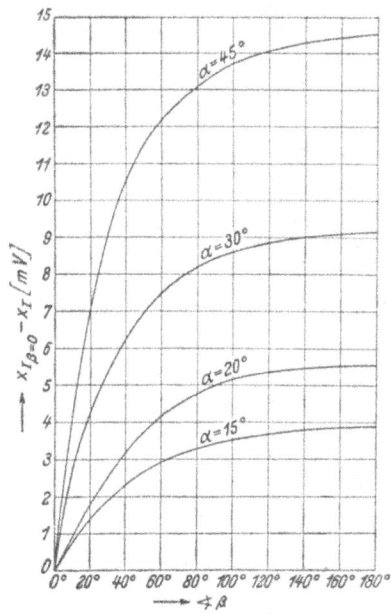

Abb. 27.

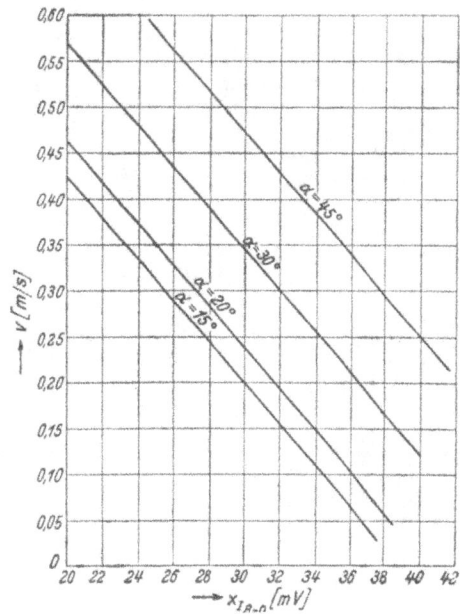

Abb. 28.

86

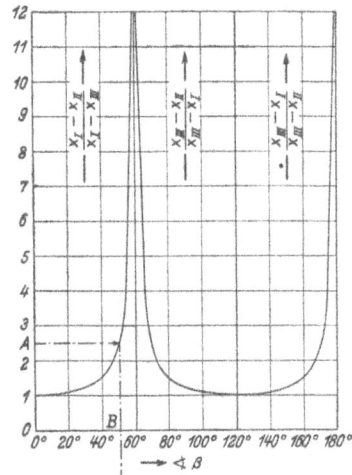

Gegeben: $x_I = 20{,}7$ [mV]
$x_{II} = 19{,}2$ [mV]
$x_{III} = 20{,}1$ [mV]

1) $\dfrac{x_{III}}{x_I} = 0{,}971$ und $\dfrac{x_I}{x_{II}} = 1{,}078$.

2) Für $\dfrac{x_{III}}{x_I} < 1$ und $\dfrac{x_I}{x_{II}} > 1$ liegt
β im Bereich 0⁰—60⁰ (Tabelle Seite 84).

3) $\dfrac{x_I - x_{II}}{x_I - x_{III}} = \dfrac{1{,}5}{0{,}6} = 2{,}5 \ldots (A)$
ergibt: $\beta = 50^\circ \ldots (B)$.

4) $\beta = 50^\circ$ und $x_I - x_{III} = 0{,}6$ [mV] $\ldots (C)$
ergibt: $\alpha = 18^\circ \ldots (D)$.

5a) $\beta = 50^\circ$ und $\alpha = 18^\circ$
ergibt: $x_{I(\beta=0)} - x_{I(\beta=50^\circ)} = 3{,}30$ [mV] (E)
$x_{I(\beta=0)} = 3{,}3 + 20{,}7 = 24{,}0$ [mV].

5b) $\alpha = 18^\circ$ und $x_{I(\beta=0)} = 24{,}0$ [mV] (F)
ergibt: $v = 0{,}35$ [m/s] $\ldots (G)$.

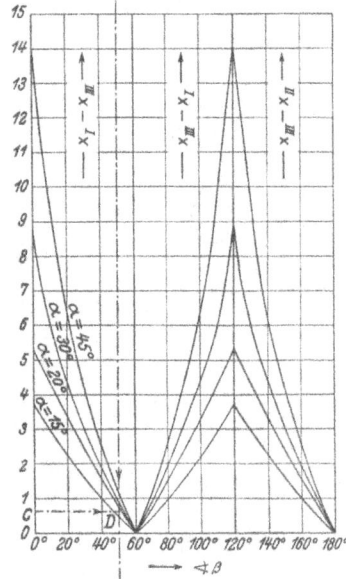

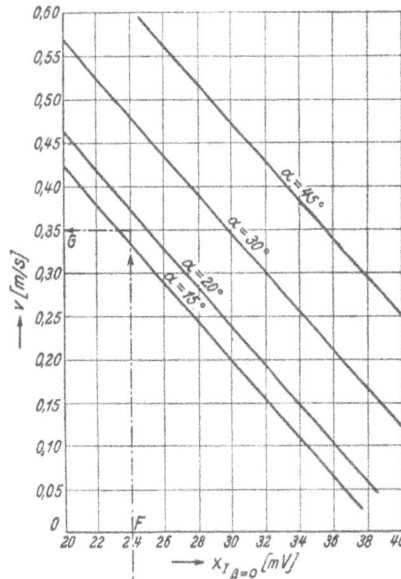

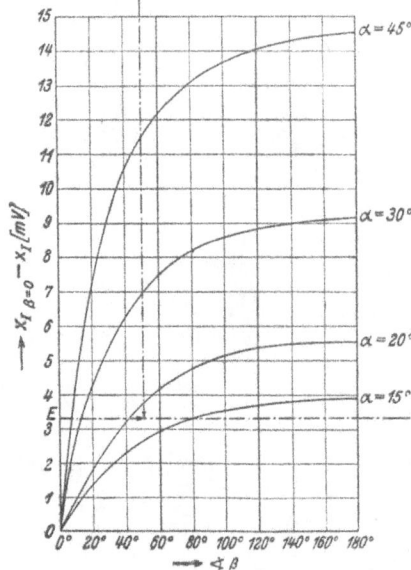

Abb. 29. Beispiel zur Ermittlung von v, α und β.

Mitteilungen des Hydraulischen Instituts der Technischen Hochschule München

Herausgegeben von Institutsvorstand Prof. Dr.-Ing. **D.Thoma**

Heft 1: 95 Seiten, 84 Abbildungen, 1 Tafel. Lex.-8⁰. 1926. Brosch. M. 5.20.
    I n h a l t : R. Ammann: Zahnradpumpen mit Evolventenverzahnung. — O. Kirschmer: Untersuchungen über den Gefällsverlust am Rechen. — H. Schütt: Versuche zur Bestimmung der Energieverluste bei plötzlicher Rohrerweiterung. — D. Thoma: Über den Genauigkeitsgrad des Gibsonschen Wassermeßverfahrens. — G. Vogel: Untersuchungen über den Verlust in rechtwinkligen Rohrverzweigungen.

Heft 2: 79 Seiten, 88 Abbildungen. Lex.-8⁰. 1928. Brosch. M. 5.20.
    I n h a l t : O. Kirschmer: Untersuchung der Überfallkoeffizienten für einige Wehre mit gerundeter Krone. — H. Müller: Beeinflussung der Anzeige von Venturimessern durch vorgeschaltete Krümmer. — J. Spangler: Beeinflussung der Anzeige von Venturimessern durch kleine Abweichungen in der Düsenform. — Derselbe: Untersuchungen über den Verlust an Rechen bei schräger Zuströmung. — G. Vogel: Untersuchungen über den Verlust in rechtwinkligen Rohrverzweigungen. — R. Hailer: Fehlerquellen bei der Überfallmessung. — A. Hofmann: Neue Untersuchungen über den Druckverlust in Rohrkrümmern. — H. Kirchbach: Verluste in Kniestücken.

Heft 3: 168 Seiten, 233 Abbildungen. Lex.-8⁰. 1929. Brosch. M. 10.80.
    I n h a l t : R. Hailer: Fehlerquellen bei der Überfallmessung. — R. Heim: Versuche zur Ausbildung der Thomaschen Rückstrombremse. — A. Hofmann: Der Druckverlust in 90⁰-Rohrkrümmern mit gleichbleibendem Kreisquerschnitt. — H. Kirchbach: Der Energieverlust in Kniestücken. — F. Petermann: Der Verlust in schiefwinkligen Rohrverzweigungen. — O. Poebing und J. Spangler: Der Reibungsverlust in Rohrleitungen, die aus überlappten Schüssen hergestellt sind. — W. Schubart: Der Verlust in Kniestücken bei glatter und rauher Wandung. — R. Voitländer: Untersuchungen an einem neuen Apparat zur Beurteilung der Schmierfähigkeit von Ölen. — A. Hofmann: Die Energieumsetzung in saugrohrähnlich erweiterten Düsen. — F. Riemerschmid: Der Einfluß der kinematischen Zähigkeit des Wassers auf den Wirkungsgrad einer kleinen Francismodellturbine.

Heft 4: 104 Seiten, 128 Abbildungen, 1 Tafel. Lex.-8⁰. 1931. Brosch. M. 6.40.
    I n h a l t : K. Fischer: Untersuchung der Strömung in einer Zentrifugalpumpe. — Gogulapati Gangadharan: Ein neues Instrument für Geschwindigkeitsmessungen in turbulentem Wasser. — A. Hofmann: Die Energieumsetzung in saugrohrähnlich erweiterten Düsen. — E. Kinne: Beiträge zur Kenntnis der hydraulischen Verluste in Abzweigstücken. — R. Voitländer: Der verbesserte Apparat zur Beurteilung der Schmierfähigkeit von Ölen. — F. Anlauft: Hydrometrische Flügel bei schräger Anströmung. — D. Thoma: Vorgänge beim Ausfallen des Antriebes von Kreiselpumpen.

Heft 5: 72 Seiten, 76 Abbildungen. Lex.-8⁰. 1932. Brosch. M. 4.60.
    I n h a l t : F. Anlauft: Hydrometrische Flügel bei schräger Anströmung. — F. Riemerschmid: Der Einfluß der Zähigkeit des Wassers auf die hydraulischen Eigenschaften einer kleinen Francismodellturbine. — R. Voitländer: Untersuchungen über die Schmierfähigkeit von Ölen. — R. Wasielewski: Verluste in glatten Rohrkrümmern mit kreisrundem Querschnitt bei weniger als 90⁰ Ablenkung.

Heft 6: 64 Seiten, 40 Abbildungen. Lex-8⁰. 1933. Brosch. M. 4.20.
    I n h a l t : P. Volkhardt: Ein neuer Druckschreiber für Wassermessungen nach dem Gibson-Verfahren. — H. Deckel: Druckschreiber und Versuche zur Bestimmung von Wassermengen nach dem Gibson-Verfahren. — D. Thoma: Die Auswertung der Druckdiagramme von Gibson-Wassermessungen beim Auftreten von Nachschwingungen in der Rohrleitung. — S. P. Raju: Versuche über den Strömungswiderstand gekrümmter offener Kanäle.

Mitteilungen des Forschungsinstituts für Wasserbau und Wasserkraft e. V., München

Heft 1: Untersuchung der Überfallkoeffizienten und der Kolkbildungen am Absturzbauwerk I im Semptflutkanal der „Mittleren Isar". Vergleich zwischen Modell und Wirklichkeit. Ein Beitrag zur Kritik der Wassermessung mittels Überfalls. Von Dr.-Ing. **Otto Kirschmer**, Vorstand des Forschungsinstituts für Wasserbau und Wasserkraft e. V., München. 44 Seiten, 44 Abb. Lex.-8⁰. 1928. Brosch. M. 4.—.

Heft 2: Versuche über die Brauchbarkeit von Asphalt und Teer zur Dichtung und Befestigung von Erdbauten. 3. Aufl. 73 Seiten, 66 Abbildungen, 1 Tafel. Lex.-8⁰. 1933. Brosch. M. 4.80.

R. OLDENBOURG · MÜNCHEN 1 UND BERLIN

Druck von R. Oldenbourg in München

www.ingramcontent.com/pod-product-compliance
Lightning Source LLC
Chambersburg PA
CBHW081431190326
41458CB00020B/6172